液压机 智能故障诊断

方法集成技术

何彦虎 编著

化学工业出版社

·北京·

内 容 简 介

本书以近年来智能故障诊断的技术为例，对每种智能故障诊断方法进行分析与验证，设计了液压机故障检测的硬件与软件，以及信号处理的基本算法，列举典型液压机的工作原理，并通过支持向量机、BP 神经网络、RBF 网络、专家系统、隐马尔科夫 HMM、傅里叶描述子、SDPCA、ES-MLSTM 等及其改进算法的集成，对液压机的故障分类精度进行测试，并设计了基于 PCA 的液压机性能评估算法。本书内容简练，具有很强的应用性和适用性，许多内容是经过实践验证的，具有很好的借鉴价值。在理论研究上也进行了创新，解决了部分理论应用中存在的瓶颈，并成功应用到实践中。

本书可以作为自动化类或机械制造与自动化等相关专业本科或研究生的参考用书，也可供从事液压机开发的研究人员和从事液压维保工程师参考使用。

图书在版编目（CIP）数据

液压机智能故障诊断方法集成技术/何彦虎编著.—北京：化学工业出版社，2021.3（2022.8重印）
ISBN 978-7-122-38414-0

Ⅰ.①液… Ⅱ.①何… Ⅲ.①液压机-智能系统-故障诊断-研究 Ⅳ.①TG315.4

中国版本图书馆 CIP 数据核字（2021）第 023479 号

责任编辑：邢启壮　王文峡　　　　　　装帧设计：韩　飞
责任校对：王鹏飞

出版发行：化学工业出版社（北京市东城区青年湖南街 13 号　邮政编码 100011）
印　　装：涿州市般润文化传播有限公司
850mm×1168mm　1/32　印张 8½　字数 206 千字
2022 年 8 月北京第 1 版第 2 次印刷

购书咨询：010-64518888　　　　　　售后服务：010-64518899
网　　址：http://www.cip.com.cn
凡购买本书，如有缺损质量问题，本社销售中心负责调换。

定　　价：68.00 元　　　　　　　　　　版权所有　违者必究

液压机是各行各业生产设备中的关键装置，其工作性能的好坏对企业经济效益有重要的影响，液压机故障诊断难度大，近年来智能化诊断方法得到广泛的应用。针对液压机结构复杂，故障诊断难度大的特点，采用智能化诊断技术可以大大减少故障的诊断时间。利用各种信息对故障进行预测是故障诊断的发展方向，可以预防事故的发生，还可以降低维修成本，产生社会效益。随着现代工业的发展，液压机逐步向大型化、智能化、高速化和高精度化发展，其功能和结构也发生了较大的变化，进而故障诊断的难度也大大增加，所以采用先进的诊断方法是非常有必要的。本书从智能化故障诊断角度出发，分析液压机常见的故障诊断模型，并对这些模型的优点与不足进行分析，对不同的模型进行有效验证，给工程技术人员提供参考依据。本书具有以下几个特点。

（1）理论与实践结合，系统性强。本书采用了多种故障诊断方法，如支持向量机、BP 神经网络、RBF 网络、专家系统、隐马尔科夫 HMM、傅里叶描述子、SDPCA、ES-MLSTM 等及其改进算法的集成，同时针对每一种方法在实践应用中的缺点，进行了改进和提升。

（2）实用性强。书中介绍每一种故障诊断方法，并对其算法进行讲解，程序代码经过调试，能完整地运行，便于读者能更好地学习和实践。同时书中也对调试的技巧进行了详细的讲解，便于读者在实践中应用。

（3）灵活性与独创性相结合。书中对程序代码进行详细讲解，有利于技术人员更加深入理解算法。

本书共分5章，主要内容如下。

第1章为液压机故障分析方法，主要介绍了液压机的结构、应用和故障诊断方法。第2章为典型液压机液压回路分析，主要介绍了几种典型的液压机原理图、常见故障及其处理、故障诊断方法等。第3章为液压机数据采集及数据处理，主要介绍了数据采集系统的拓扑结构、硬件设计与软件设计，最后介绍了数据处理常用的算法。第4章为液压机故障智能诊断技术，主要介绍了常见的智能算法对液压数据的处理效果，并根据这些可以有针对性地选择智能算法。第5章为液压机故障诊断集成方法，主要介绍了几种智能算法的集成方法、性能评估方法等。

本书编写得到吉林大学张锐博士的支持，在此表示感谢。本书编写过程中，参考或引用了参考文献中所列论著的有关内容，在此谨向这些论著的作者表示由衷的敬意。

由于作者水平有限，书中难免存在不足之处，恳请同行专家及广大读者批评指正。

编著者

2020年9月

目 录

CONTENTS

第 1 章

液压机故障分析方法

1.1 液压机简介

液压机是重要的一类装备,具有较大的工作压力、行程和空间,广泛应用于锻造、汽车制造、模具、军工、造船、航空等领域,液压机的自动化水平高,使用广泛,一旦因设备故障造成停机,会对企业生产造成较大损失。

1.1.1 液压机结构

液压机有立式和卧式两种。多数液压机为立式,挤压用液压机则多用卧式。按结构形式分,液压机可分为双柱式、四柱式、八柱式、焊接框架式和多层钢带缠绕框架式等,中、小型立式液压机还有用 C 形架式的。

国内外液压机技术在油路结构设计方面,都趋向于集成化、封闭式设计。插装阀、叠加阀和复合化元件及系统在液压系统中得到广泛的应用。采用封闭式循环油路设计,可有效地防止泄油和污染,更重要的是可防止灰尘、空气和化学物质侵入系统,进而延长机器的使用寿命。在安全性方面,高性能液压机利用软件进行故障的检测和维修,可实现产品负载检测、自动模具保护和错误诊断等功能。液压机的发展最主要体现在控制系统方面,而微电子技术飞速发展为改进液压机的性能、提高稳定性、提高加工效率等方面创造了条件。

1.1.2 液压机发展

随着科学技术的进步与发展,液压技术已经成为一门影响现代机械装备技术的重要技术，随着新工艺及新技术的应用，液压机在金属加工及非金属成形方面的应用越来越广泛。由于液压机在工作中的广泛适应性，使其在国民经济各部门获得了广泛的应用。随着技术发展，液压机也逐步向以下几个方面发展。

① 高速化、高效化、低能耗。提高液压机的工作效率，降低生产成本。

② 自动化、智能化。微电子技术的高速发展为液压机的自动化和智能化提供了充分的条件。自动化不仅仅体现在加工上，还能够实现对系统的自动诊断和调整，具有故障预处理的功能。

③ 压元件集成化、标准化。集成的液压系统减少了管路连接，有效地防止泄漏和污染，标准化的元件为机器的维修带来方便。

1.2 液压机故障诊断方法

液压机实际运行过程中液压系统容易出现故障，但当故障发生时，从外部无法对故障进行直接判断，很难找出故障原因并对其采取针对性的维修。液压装置的损坏与失效，往往发生在系统内部，由于不便装拆，现场的检测条件有限，因此故障难以直接观测。一个故障源可能引起多处的症状，一个症状也可能同时由多个故障源叠加起来形成。因此在实际液压机运行过程中，要求维修人员要熟悉液压机液压系统的具体工作原理，能够运用适宜的诊断方法来对故障进行诊断。

1.2.1 液压机常见故障

液压机常见故障主要表现在系统压力的异常、速度异常、保压异常、压机抬升异常、液压机的异常下滑等，这主要是由液压阀的故障所致，压力异常造成工作精度的下降，甚至使得故障停机。另外采用伺服阀控制系统出现位移异常等，都会使得系统无法工作。但同时，要认识到液压机故障诊断的困难性。在设备故障诊断维修过程中，采取正确的诊断方法可以有效地达到快速诊断的目的，从而大大节省人力、物力，提升企业竞争。

1.2.2　液压机诊断方法

（1）经验诊断

该法就是利用主观判断进行故障诊断，依靠的是维修人员对液压系统的经验，从而对发生故障的位置和原因进行判断。这样的方法能够快速地判断故障的类型，尽快地解决已发生的故障。首先维修人员需要对系统出现的故障表现进行简单的询问，其次再通过看、听、摸、闻等多种方法的结合来对机械液压系统的故障进行全方位的诊断，能够对液压机的运行速度、压力表数值的稳定性、泵和马达是否有异常、液压油是否出现异常等情况进行合理的诊断。因为经验诊断考验的是维修人员的技术和经验，因此能够快速地发现故障，但准确性较低。通常是通过眼看、手摸、耳听、嗅闻等手段对零部件的外表进行检查，判断一些较为简单的故障，如破裂、漏油、松脱、变形等。

（2）原理分析法

原理分析法是液压维修中使用最多的方法，它是根据对液压机的原理图进行分析来对其故障进行排查与诊断。对液压机的工作原理进行原理分析法对检修人员专业知识的掌握要求很高，首先需对液压机原理图的部件、符号等充分掌握，并了解其在液压机中担任的功能、性能以及损坏后可能出现的情况。了解这些后，再通过液压机系统出现的故障来进行反向的分析，最终分析得出故障的部位与原因，准确判断。

（3）仪器检测

该法主要依靠一些仪器设备，对怀疑有故障的元件进行检测，液压机液压系统发生故障时，可利用仪器来进行具体的检测。利用仪器对液压系统运行状态进行检测时，能够准确反映出液压系统的各项参数，进行对比分析，从而实现对液压系统故障的准确判断，并进一步明确故障的具体原因，从而为后续维修提供更多的参考依据。仪表测量检查法通过对系统各部分液压油的压力、流量、油温的测量来判断故障点。压力测量应用较为普遍，流量大小可通过执行元件动作的快慢作出粗略的判断，但元件内漏只能通过流量测量来判断。

（4）信号分析法

信号分析法主要依靠传感器，对液压的数据进行检测，然后分析研判故障发生原因，小波分析法、EMD方法是采用较多的方法，另外还可采用频谱分析法、倒频谱分析法等，这些方法仍然需要维修者具有较高的水平与丰富的经验。

（5）智能诊断

随着液压技术的不断发展，液压系统越来越复杂，越来越精密。采用智能化的故障诊断方法得到迅速的发展，依靠人工智能的理论与方法进行故障的分析，大大减小了对人员的依赖。其典型特征是：采用智能化诊断方法，运用虚拟仪器技术，实施多传感器技术融合、多诊断方法结合，并且采用远程网络化的故障诊断形式提高故障诊断的准确性。

1.3　液压机可靠性维修

液压机的正常工作是企业生产的必要条件，而设备的正常运行就需要维护与维修，设备的维修涉及的方法及理论很多，其中可靠性维修理论应用较多，但是在实际的工作中，可靠性维修的实施仍存在许多问题，这一方面与企业的管理理念有关，另一方面与可靠性维修的实施方法的欠缺有关。

1.3.1 可靠性维修的定义

以可靠性为中心的维修简称 RCM，它是目前国际上流行的装备预防性维修需求，是优化维修制度的系统化方法。其基本思想是分析系统并明确系统内各部分故障后果，采用规范化的决断程序，并在故障发生后提出预防对策。故障发生时，通过对现场故障数据统计与专家评估，在确保安全的情况下以最小的维修停机损失和最小的维修消耗为目标，优化维修方法。RCM 技术最早起源于美国的航空界，主要是对飞机进行维修，20 世纪 70 年代中期开始全面应用。RCM 规定了七个问题：设备的功能标准是什么；什么情况下设备无法实现其功能；故障原因；故障影响；故障后果；主动故障预防；非主动故障预防。RCM 把故障分为四类：隐蔽性故障后果，安全性和环境性后果，使用性后果，非使用性后果。RCM 故障的预防及维修有详细的规则，并对每一种故障情况下的后果评估、维修计划、维修的级别、维修的周期、维修的方式、使用程序等进行了详细的设计。各类预防性维修工作间隔期的确定可以参考以下数据和方法：产品生产厂家提供的数据；类似产品的相似数据；已有的现场故障统计数据；有经验的分析人员的主观判断；对重要、关键产品的维修工作间隔期的确定要有模型支持和定量分析。

维修的模式共有三个阶段，第一个阶段是事后维修模式，即坏了再修；第二个阶段是预防性维修，如计划维修（大修、中修、小修）、定期检修都是这类；第三个阶段就是可靠性维修，是一种考虑利用率的维修。

1.3.2 液压机可靠性维修的措施

（1）建立液压机完整的维修操作规程是可靠性维修的保证

液压机在高压甚至高温的环境下工作，液压机本身就是一个计算机控制装置，其工作过程复杂，因此建立完整的液压机操作规程是有必要的。目前，许多的企业维修的过程是：设备损坏→找维修人员→维修成功→生产。至于维修的效率、维修的可靠性、维修的质量管理仍不到位，甚至没有维修管理的机制。这实际上是仅考虑时间的维修。事实上，有许多的维修因为可靠性不高，会导致日后的故障爆发，造成巨大的经济损失。多数故障是维修人员没有可靠性维修的意识，维修的流程不健全、不规范，维修人员太随意，没有按规程操作。因此，建立各种故障的维修操作规程可以提高维修质量，提高可靠性。若规程有一定的强制性，在一定程度上可保证维修的可靠性。

（2）可靠性维修需要完整的流程

要实施可靠性维修必须以严谨的态度去实施维修任务。维修是一个综合性施工过程，主要包括：故障现场的保护与故障现象的记录、故障的诊断、故障的排除等几个阶段。每个阶段都应严格、谨慎、有序，没有严谨的维修，会造成故障的隐患。如有些液压机经常出现溢流阀先导孔的堵塞现象，主要原因是维修人员随意地拆装溢流阀，随意地加注液压油，造成杂物混入油中。究其原因是维修人员没有按照流程维修，没有以可靠性为目标，而是以维修时间为中心。

（3）可靠性维修需要对所有的故障现象进行分类记录

故障现象记录是维修管理的重要内容，是可靠性维修的重要环节，它是维修人员的财富，也是企业的财富。健全的故障记录，可以帮助维修人员迅速地诊断故障，减少维修的时间，通过记录也可以建立专家系统，形成智能诊断系统。目前我国设备维修的故障记录是一种民间行为，即维修人员的个人记录，而尚无企业管理层面的故障记录，所以当维修人员变动时，同样的故障现象又需重新学习维修方法进而造成损失。可靠性维修需要记录维修的设备的名称及型号、维修时间、故障部位、故障现象描述、维修过程、维修人员、故障编号入库等。

（4）可靠性维修是着眼于整体效益的维修

企业为追求经济利益，可能采取一些暂时性的维修策略，这样可能造成维修可靠性的下降，使得故障频发，因此，采用可靠性维修时应与企业的规划相一致，建立长远机制，保证企业的健康发展。目前，许多管理者认为只要修好了就没事了的想法，在可靠性维修中是不允许的。

（5）可靠性维修也是一个创造性维修的过程

可靠性维修不需要故步自封，它也是一个创新的过程，对一些故障频发的部位或设备，不能想当然地只采用常规的方法去维修，可以创新方法达到弥补设计不足的目的。当然，创造性依赖维修人员的敬业精神与知识素质，也与企业管理者的管理方法有关。

（6）可靠性维修需要强有力的组织支持

在可靠性的维修的管理中，组织支持是非常关键的。首先要建立维修责任制度，由主要领导人负责；其次要设立维修技术科的机构，下设相关的维修技术管理人员、文件管理人员等。对维修的具体实施与决策应由维修技术科长决定，避免其他领导的参与，造成不必要的浪费。

（7）高效率的维修方法管理促进了可靠性维修的发展

维修方法管理是对维修方法的有效利用与综合应用，对不同的维修策略进行风险评估有利于维修优化。RCM是一种系统方法，它按照一定的程序确定高效率的维修工作，为此，应该研究维修方法的管理策略，促进可靠性维修的发展。维修方法的管理集技术与管理于一体，有许多值得研究的地方。

（8）维修数据是可靠性维修评估的依据参考

可靠性维修需要投资，这就需要进行可靠性维修评估，评估的重要依据主要有：实施可靠性维修前后故障的发生频率、投资大小、组织管理难度、生产效益等。

（9）可靠性维修必须以过硬的故障诊断与维修技术作为后盾

维修本身是一种智力与经验的展示，一个优秀的维修人员，会给企业创造时间上、资金上的价值，一个没有优秀维修人员的企业，必然会付出高昂的代价，可靠性的维修更应要求维修的技术过硬。

（10）可靠性维修要求具有故障预测机制

故障的预测是维修管理的内容，但同时是可靠性维修的重要内容，预测机制的引入可以对故障的维修做好充分的准备，从而得到可靠性的保证。现在许多的企业设备安排了月修与年修，这种维修具有预测性质，但是，故障的预测是一个体系，任务量较大，其基本过程是：①对可能出现的故障进行确定；②对其进行风险评估、投资评估；③确定方案，进行论证；④形成预实施方案；⑤与实际发生的故障进行对比，形成经验文件，完善相关方案。

可靠性维修为企业创造利润，可靠性维修是一个系统工程，它需要不断地研究其实施方法。

第 2 章

典型液压机液压回路分析

2.1　短周期贴面液压机液压回路分析

2.1.1　贴面生产线工艺流程

人造板已广泛地应用在装饰、家具行业，人造板主要分为胶合板、刨花板、纤维板和复合人造板等，人造板因为利用率高（1m³人造板可代替 3～5m³ 原木使用），价格便宜，幅面大，结构性好，施工方便，膨胀收缩率低，尺寸稳定，材质较锯材均匀，不易变形开裂，阻燃、防腐、抗缩、耐磨而得到广泛的应用。近年来，随着建筑装饰和家具业的快速发展，国内木材需求量急剧增长，木材供应的缺口越来越突出。发展人造板工业有利于缓解我国木材供需矛盾，它已是当今不可替代的木质产品之一。"贴面"是人造板生产中的重要环节，它主要是在素板的两面在高温高压下粘贴各种图案的装饰纸，这一方面是为了外观的美观，另一方面是增强板子的力学等性能，为了保证贴面的质量，避免干花、湿花、纵横纹、开裂等情况的产生，在工艺上要求相当严格，因此对贴面设备提出更高的要求，目前所用的设备是短周期贴面设备（热压周期在 120s 以内），其核心装置是贴面液压机。另外，我国在二十世纪八十年代末、九十年代初进口了大量的人造板生产线，主要是德国和芬兰等国家生产的，其中，德国生产的温康纳短周期型贴面生产线在我国引进最多。但是我国进口的德国设备大都是德国在二十世纪八十年代初期生产的设备，其控制系统完全是继电器控制系统，温度控制系统是用常规的仪表进行检测与控制，压力主要是用压力继电器实现压力的开关量的控制（芬兰进口的短周期贴面设备用 PLC 实现控制，但是温度与压力控制仍与德国温康纳的相

13

同，比较简单），这些设备在我国早期的人造板生产中做出了突出的贡献，也为我国生产类似的设备打下了基础。贴面设备的工艺如图 2-1 所示。

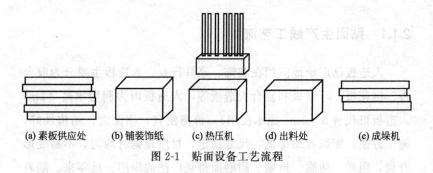

(a) 素板供应处　(b) 铺装饰纸　(c) 热压机　(d) 出料处　　(e) 成垛机

图 2-1　贴面设备工艺流程

在图 2-1 中，素板是利用素板生产线（核心装置也是液压机）将碎木进行压制而成，装饰纸是把印有花纹的纸张进行浸渍，烘干后铺在素板上，然后在热压机中温度为 210℃左右，压力 25MPa，时间为 1min 左右，完成人造板表面花纹的固化及装饰板生产，然后进行削边后堆垛。

2.1.2　Q3104 型贴面设备液压系统原理

在贴面设备中，液压系统的故障约占 90%，而且液压系统的故障往往不易检测，因与电气控制有关，使得故障难以判断。Q3104 型贴面设备是国产设备，整体与德国温康纳的设备相似，液压控制部分比温康纳的控制简单一些，但是主要的部件是一样的，如图 2-2 所示。其典型工作过程是：压机提升→进料（图中没有表示）→快降→慢降→加压→保压→泄压→提升。其基本原理是阀 F1 的电磁线圈 10YV1 通电，液控阀打开，电磁线圈 10YV9、10YV8 通电，压机开始下落，当碰到行程开关 SQ2 时，快降电磁线圈

10YV9 断电，开始慢降，当接触到 SQ3 时，10YV3 通电，主缸开始加压，此时 10YV2 通电，保证了工艺要求的压力上升曲线，当压力达到电控压力表 10SP2 设定的上限压力时，进入保压阶段，到达保压时间之后，10YV7 通电，开始了工艺所要求的小卸压，接着 10YV6 通电，预充阀的单向阀打开，实现全部的卸荷。其液压与电气控制关系图如图 2-3 所示。

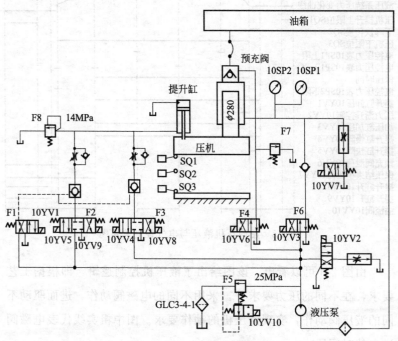

图 2-2　液压机液压原理图

由图 2-2 可以看出，该液压机的液压系统采用了传统的叠加阀，控制原理简单，控制工艺并不复杂，在安全冗余设计上比较缺乏，因此该系统自投产后，故障频率较高，给生产经营带来严重的影响。早期该液压机的故障诊断采用原理图分析法，对维修人员的经验要求非常高，即使一名有着丰富经验的工程师，维修成功该设

15

备一般需要 8h，有时对某一个故障的诊断需要几天的时间，说明液压系统故障诊断的复杂性。

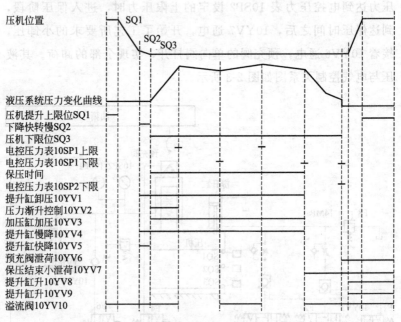

图 2-3　贴面压机液压与电气控制关系图

由图 2-3 可以看出，该图给出了液压机控制逻辑，即根据工艺要求，在不同的压力要求下，采用不同的电磁阀动作，进而驱动不同的液压阀动作，实现液压机的动作要求。图中粗实线代表电磁阀通电的时间段。

2.1.3　常见的故障

（1）压机非正常下落

这种现象是当压机提升后，素板未进入压机，压机就已经下落，由原理图可知，压机非正常下降的影响因素主要有：溢流阀

F8 的设定压力太低或者阀的损坏；节流阀与液控单向阀的内泄严重；提升缸的密封性能变差，压力损失较大。根据维修的实际情况，提升缸的密封变差是这种故障发生的最主要原因，约占 70%。所以，在维修时首先要考虑这个因素，这样会节省很多的时间及精力。

（2）堵塞故障

这种故障在设备刚投入使用阶段最常发生，另外，长时间不更换滤网和液压油是其发生的主要原因，主要表现在溢流阀阀芯堵塞。因溢流阀多为先导型，其阻尼孔很易堵塞。为此，当液压系统在安装后投入使用时，必须冲洗，用温度为 70℃、流速为 8m/s 的新油冲洗，时间为 10～30min。液压管路必须采用无缝钢管，用弯管机进行弯曲，不允许热态弯管。滤网要定期更换。

（3）压机提升缓慢或不提升

压机提升缓慢或不提升是贴面液压系统常见的故障，分析液压原理图，故障发生的影响因素主要有：溢流阀 F5 压力设定或阀损坏，提升阀 F2、F3 的电气线路故障或阀本身损坏，预充阀损坏，阀 F4 损坏，系统溢流阀 F5 损坏等。在实际维修中一般要根据常见的故障，进行判别，切忌将所有的阀更换一遍，这样不但耗时（至少 10h），而且备件的压力也很大，造成各种浪费，分析时要仔细观察现象，不要贸然下结论。

典型现象：某压机保压、卸压正常，但是不提升，车间技术员先更换了双单向节流阀后，无效果，然后又判断：既然保压正常，说明预充阀正常，怀疑提升溢流阀泄漏，拆开看时无多大的锥面损伤，排除了泄漏的可能性。为了寻找故障原因，将 10YV9、10YV8 的电磁线圈拔掉（时间不能太长，否则线圈励磁因电流过大而烧坏），目的是断掉提升压力，观察压力表的变化，进而判断故障，此时发现压力上升，同时在压机的上方出现了很大的声音，似铃响，这是高压油冲击预充阀回油箱发出的声音，这说明预充阀损坏，更换后正常。实际上，预充阀的故障率相当高，而节流阀和提升阀的故障概率相对较小，这对维修是一个很重要的信息。目前，预充阀多采用先导式预充阀，其打开压力降低，因此其故障率也大大降低，但预充阀故障相比其他液压阀仍是比较高的。

（4）不加压故障

这种故障即常说的不试压，分析原理图可知这种故障的主要原因有：阀 F6 电磁线圈无电或阀本身损坏，系统溢流阀设定错误或损坏，预充阀损坏等。在实际的维修中，发现预充阀的故障是这类故障的主要原因。

典型现象 1：系统加不上压力，根据经验估计为预充阀故障，于是在维修时直接将预充阀的加压管子的油管打开，有油漏出，说明充液阀损坏，更换后正常。

典型现象 2：贴面线压机不加压，不提升，加压时有 0.4MPa 的压力，提升时马上消失。车间技术员几乎都认为是溢流阀损坏（此前溢流阀经常出现阀芯堵塞的现象），更换后故障依旧存在，且泵的声音极大，经检查是无油导致，加油后，泵的声音减小，但是其他故障依旧存在，按典型现象 1 的方法直接检查预充阀更换后正常。预充阀是保压的主要器件，国产的预充阀常用的是碟形预充阀，其原理示意图见图 2-4。它控制油通过控制油路进入小油缸，使得碟形阀打开，实现大流量卸荷。从工程实际的维修经验来看，该故障现象与先导式溢流阀先导孔堵塞故障

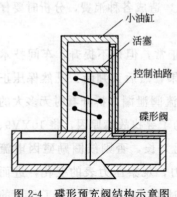

图 2-4　碟形预充阀结构示意图

小油缸
活塞
控制油路
碟形阀

非常相似，给故障诊断带来极大的困难，平均维修时间 8h/次，给生产带来的损失较大。

对于预充阀的故障，在实践中总结出以下规律：①如果预充阀的弹簧或者固定小油缸的螺母损坏，则加不上压力。②如果小油缸破裂泄油时，则压机不提升，该现象比较常见。③前两个的现象可能并发。

检查预充阀故障的方法：①打开加压管，如往外流油，油流尽管很小，但是连续不断，则弹簧可能损坏。②用 0.6MPa 的压缩空气吹打开预充阀的管子，如加压管往外流油，说明小油缸损坏。

（5）缺油故障

高压泵发出"咙咙"的声音，这是缺油的现象。

（6）保压不好

保压压力是生产中非常重要的参数，当保压效果不佳时，分析原理图，与保压有关的因素有：预充阀，保压的单向阀，卸压阀，主缸的密封。在维修的过程中发现故障率由高到低依次是预充阀、卸压阀、主缸密封、单向阀，其中卸压阀的内泄造成压力损失过大是保压不好的重要因素。为此，在系统 25.1MPa 的压力下测量，新阀在 30s 压力下降 3MPa，旧阀在同样的时间里下降 6MPa，这说明压力损失较多。

（7）其他故障

压机下降很慢，说明溢流阀损坏，压力太低，使得预充阀无法打开。压力表有跳动时，说明溢流阀损坏。提升时，压机不动，压力很大，说明提升电磁阀 F2、F3 没有换向。

在维修过程中发现，对于液压故障，故障的诊断是非常重要的，它可以节省大量的维修时间，因故障诊断不准确，造成数天停机是常见的现象。试压力法诊断技术在实践中有很强的应用性，它的基本思想是：利用电磁阀换向阀、液控单向阀的截止导通的作用，人为地引导其通断而使别的部件产生预想压力的一种维修思想。分析原理图，若怀疑预充阀管路，可将阀 F1、F2、F3 断路观察压力表变化情况；若怀疑提升管路，可将阀 F4、F6 断路，观察压力表变化，如压力上升到溢流阀的规定压力时说明该回路正常，否则说明该回路泄漏；若检查预充阀可否保压，可将 F1、F2、F3、F4 断路；若检查溢流阀 F5 的情况，可将 F1、F2、F3、F4、F6 断路，进行观测。

本节通过对国产贴面设备液压系统故障的总结，形成了一套诊断方法，这些方法对其他设备的液压维修有一定的借鉴作用，同时对智能故障诊断算法有重要的参考。

2.2　德国温康纳短周期贴面液压机液压回路分析

2.2.1　德国温康纳短周期贴面液压原理图

德国温康纳生产的短周期贴面设备是我国应用最广泛的贴面设备，该设备工作可靠，性能稳定，故障率较低，但同时，一旦发生故障，维修时间极其长，一般需要几天的时间去定位故障，主要原因是该设备的液压控制阀精度高，不能贸然去拆装。其原理图如图 2-5 所示。

2.2.2　液压电气控制图

承受高温高压的液压系统故障最多，主要体现在交流接触器、压力表、时间继电器、液压阀等部件的损坏，而且这些故障的定位较困难，甚至要用好几天的时间去查找故障原因，因为该型号的液压系统采用的是传统继电器控制，涉及的液压电磁阀、接触器、继

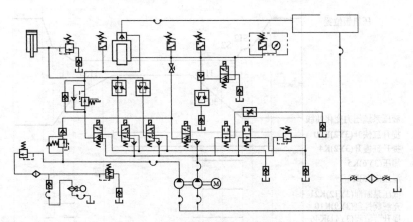

图 2-5　短周期贴面设备原理图

电器较多，为了实现工艺对压力的要求，控制部分非常复杂，故障诊断极其困难，通过液压电气关系图进行维修是经常采用的方法，它能在较快的时间里定位故障是机械的还是电气的，便于维修人员的决策。在长期的设备维护过程中，结合温康纳短周期贴面设备的电气控制图与液压原理图，将液压系统与电气之间的关系图表绘出，如图 2-6 所示。该图简明地给出了液压工作的整个过程所涉及的电磁阀的动作顺序，给故障的定位带来了极大的方便，维修时间减少了大约 10 倍，提升的经济效益相当可观。

2.2.3　工作机理

S1 是高位压机限位开关，当其为 ON 时说明压机处于起始位置，此时 K2 通电，压机开机准备工作。接触器 K3 通电后，快降电磁阀（K20）与慢降电磁阀（K4）通电，液压机开始快降，当接触 S12 行程开关之后，快降电磁阀断电，变成慢降，直到低位限位开关 S2 闭合，又变成快降状态。当压机到达底部后，开

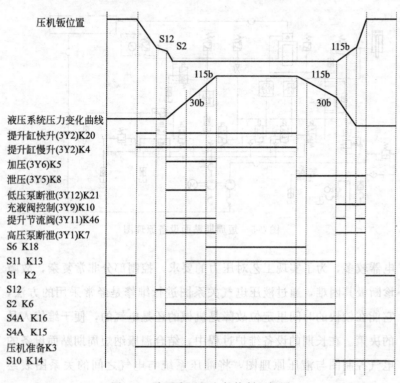

图2-6 贴面液压机电气控制逻辑图

始加压（K5 通电），当压力达到 30 个大气压时，压力继电器的触点 S11 闭合（K13 通电），当压力达到 115 个大气压时，压力继电器的触点 S6 闭合（K18 通电），当压力达到设定大气压时，压力继电器的触点 S4A 闭合（K15 通电），开始保压，保压时间由时间继电器设定。时间到了后，K8 得电，液控单向阀导通，压力开始泄放，当压力低于 30 个大气压时，充液阀 K10 得电，实现完全卸荷。在加压时，K46 通电，即提升节流阀关闭，当预充阀开始泄压时，K46 也通电，使得有一定的提升压力，但当压机的压力完全释放后，K46 断电，提升压力消失，到达持续工艺要求

22

的时间后，K46又通电，压机开始提升，到达S1后停止，完成一个周期。

2.2.4 电气化改造

随着设备服役多年，使得某些功能失效，不能完全满足工艺的要求（而且工艺水平在不断地提高，对设备的要求更高），同时继电器控制系统的故障也频发，主要体现在交流接触器、压力表、时间继电器、液压阀等部件的老化和损坏。这些老化或损坏一方面使得故障的定位较困难，甚至要用好几天的时间去查找故障原因，另一方面设备的老化使得控制性能变差，满足不了工艺的要求，因为人造板在贴面的过程中，对压机的压力要求与温度的控制要求较高，一旦这两个参数控制不好，容易出现花纹、分层、脱落、干花等一系列的工艺缺陷，容易出现残次产品。但是如果抛弃这些设备则浪费严重（因为数量太大，并且这些设备的机械部分基本是完好的），因此，对设备控制系统的改造升级就迫在眉睫。从成本上来说，改造与升级的费用不高，占生产成本很小的一部分，同时改造后的设备的性能提高了，能满足工艺的要求，故障率会大大降低。因此，改造成本也就从这里省出了，所以从工程的成本价值上来说意义很大，目前许多设备实现了技术的改造，且效果很好。因为早期采用的控制系统是继电器控制系统，设备每天24h不间断工作，这时大量的中间继电器、交流接触器、时间继电器等故障发生较高，更换的频度增大，所以可以用PLC实现这部分的控制，同时保留原来的功能与工作方式。

用PLC进行改造时，在编程时需要注意一些事项。首先是工作方式的选择，一般液压机的工作方式有多种，如自动模式、手动模式、单周期模式、单步模式、调试模式、自动回原点模式等，在设计时，一定要按照用户的需求来做。在工作方式的编程中，一定要注意不同工作方式间的变量处理，如从手动模式进入到自动模式时，手动模式下的一些变量需要初始化，否则会产生严重的安全隐患，如有些设备前几次运行正常，之后变得不正常，PLC复位后又正常，这与编程有关。其次就是安全编程，所谓的安全编程是为了可预期的故障，在程序中预先编写好，一旦触发了相关机构，就马上进入保护程序，因为液压机是高压设备，一旦出现异常，产生的后果将非常严重。最后在编程的时候，尽量采用模块化的思想，这样编程思路清晰，出现问题容易查找。另外，在顺序控制的场合，一定要用顺序控制模式编程，这样可以确保程序的安全执行。公共程序用于自动和手动工作方式的转换，它将除初始步外的其他各步复位，以免造成手动与自动同时运行的错误。当系统切换到手动方式时，必须将初始步以外的各步复位，同时将连续工作标志复位，避免两个步同时工作。当系统执行用户程序时，可以使得初始步置位，或者在手动方式下也可使初始步置位，为自动方式做准备，但是置位必须是在行程开关 S1（X1）为 ON（表明压机在起始位置）时进行，若压机不在起始位置，则将初始步复位，否则在切换到手动方式时会出现异常情况。当系统在手动状态，但是压机并不在初始位置，这时切换到自动方式时，压机就不会自动工作，所以必须在手动状态下，将压机抬起，使其处于初始位置。手动程序比较简单，在设计时要注意必要的互锁，如电机之间的互锁。连续与单周期的程序要实现自动工作，启动时，除按下启动按钮之外，还要注意素板被送到压机指定位置时行程开关送来的信号。压机必须是在初始位置，同时，还要注意整个压机工作准备接触器 K3 的信号。

2.2.5 液压机半自动启动安全规范

① 不管是采用单人还是双人操作，无论是控制柜还是移动按

钮站，都要实行双手压制按钮启动工艺过程。

② 双手压制必须有时差，按照国标要求为 1s，防止一个按钮误触碰而发生危险。双手压下按钮必须在 1s 内完成。

③ 双手压制按钮启动工作，直到快速转慢速才能实行一个半自动循环，快速区域松开任意压制按钮即会停止工作。

④ 双手压制按钮启动工作，即使一直按着也只能实行一个半自动循环，必须松开双手压制按钮，再次按下双手压制才能实现下一个半自动循环。防止按钮或输入点一直导通，重复执行半自动循环，形成全自动工艺过程。

2.3 薄板拉伸液压机液压回路分析

图 2-7 为某薄板拉伸液压机，液压机主要动作是"快速下行→慢速下行→加压→保压→卸压换向→快速返回→原位停止"的动作循环。在这种液压机上，可以进行冲剪、弯曲、翻边、拉伸、装配、冷挤及成形等多种加工工艺。液压机在初始状态时，所有电磁铁断电，阀 7 处于中位而卸荷，液压泵输出的油液经过阀 7 直接回油箱。

快速下行：电磁阀 YA1、YA3、YA5 和 YA8 通电，使阀 7 的控制阀三位四通换向阀上位接入液压系统，使阀 8 的控制阀二位四通换向阀的下位接入系统，阀 8、阀 9、阀 5 打开。液压机在自重的作用下快降，预充阀 10 可以实现快速充液。

慢速下行：电磁阀 YA3 断电，YA4 通电；阀 5 的控制阀三位四通电磁换向阀下位接入系统，阀 5 的控制腔与调压阀（阀 5 的右上侧压力控制阀）相连。

加压：当滑块慢速下行碰上工件时，主液压缸上腔压力升高，

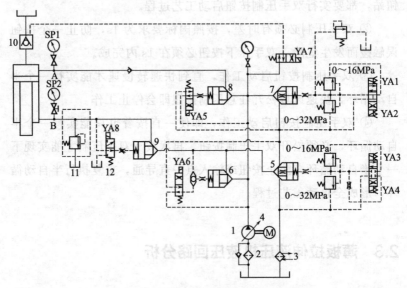

图 2-7　某薄板拉伸液压机液压原理图

1—液压泵；2—滤芯；3—回油滤芯；4—电机；5—慢速下降控制插装阀；6—压机下降
控制插装阀；7—溢流插装阀；8—加压控制插装阀；9—快速下降插装阀；10—预充阀；
11—安全保护阀；12—电磁换向阀；SP1,SP2—压力表；YA1～YA8—电磁阀

恒功率变量液压泵输出的流量自动减小，对工件进行加压。当压力升至调压阀调定压力时，液压泵输出的流量全部经阀 7 溢流回油箱，没有油液进入主液压缸上腔，滑块便停止运动。

保压：当主液压缸上腔压力达到所要求的工作压力时，电接点压力表发出信号，使电磁阀 YA1、YA4、YA5 和 YA8 全部断电；由于 YA1 断电，阀 7 的控制阀三位四通电磁换向阀接入中位，阀 7 的控制腔接通油箱，阀 7 打开；YA5 断电，阀 8 的控制腔接通压力油，阀 8 关闭；YA8 断电，二位三通电磁换向球阀控制腔与油箱断开，阀 9 关闭；YA3 断电，阀 5 的控制阀三位四通换向阀接入中位，阀 5 关闭。这样，主液压缸上腔闭锁，对工件实施保压，

液压泵输出油液经阀7直接进入油箱，液压泵卸荷。

卸压换向：主液压缸上腔保压一段所需工艺时间后，时间继电器发出信号，使电磁阀 YA2、YA7 通电。YA2 通电，阀7的控制阀三位四通换向阀下位接入系统，阀7由右侧上部的压力控制阀产生调整压力（p 为 0～16MPa）；YA7 通电，二位四通电磁换向阀右位接入系统，预充阀10打开，从而释放主液压缸上腔的压力，系统上腔油液流入充液油箱。

快速返回：主液压缸上腔压力降低到一定值后，电接点压力表发出信号，使电磁阀 YA1、YA6 和 YA7 通电。YA1 通电，使阀7的控制阀三位四通电磁换向阀上位接入系统，即阀7的压力由阀7右下侧的压力控制阀调整，系统压力 0～32MPa；YA6 通电，阀6的控制阀二位四通换向阀上位接入系统，阀6打开；YA8 断电，阀9打开；YA7 通电，预充阀10打开，液压泵输出的油液全部进入主液压缸下腔，由于下腔有效面积较小，主液压缸快速返回。

原位停止：电磁阀 YA1、YA3、YA5 和 YA8 通电，阀8、阀9、阀5闭合，系统处于初始位置，等待工作指令。

2.4　打包机液压回路分析

打包机是一种使用非常广泛的设备，其核心装置是打包液压机，图 2-8 为某打包机主缸控制原理图。

图中，泵1为高压轴向变量泵，泵2为大流量叶片泵，其工作过程包括：顶压快进→顶压工进→保压→快退下降。当 1CT、2CT 通电时，泵1通过阀5、泵2通过阀10向主缸打压，实现快速上升。当系统压力达到溢流阀12设定的压力（3.4MPa）时，阀11

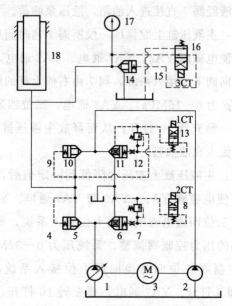

图 2-8　某打包机主缸控制原理图

1—变量液压泵；2—定量液压泵；3—电机；4—控制油路；5,10—单向插装阀；

6,11,14—卸荷插装阀；7,12—直动式溢流阀；8,13,16—两位四通换向阀；

9—快速下降插装阀；15—控制油路；17—压力表；18—加压缸

开启，泵 2 卸荷，泵 1 继续工作完成工进，完成打包工作。当所有电磁铁不通电时，阀 5 和阀 10 保压，泵 1 和泵 2 通过阀 6 和阀 11 卸荷。当 3CT 通电时候，实现快速下降。

第 3 章

液压机数据采集及数据处理

3.1 液压机数据采集及处理框架设计

　　液压系统数据采集是故障诊断与性能评估的首要环节，也是非常重要的环节，数据采集系统包括采集拓扑结构的设计、硬件的设计、采集软件的设计。采集拓扑结构的设计主要包括整体架构设计、接口定义、传输协议定义、网络模型构建等；硬件的设计主要包括各类传感器的选择、采集卡的选择、信号传输设备的选择等；采集软件的设计包括接口程序、驱动程序、服务器程序、采集程序、智能故障诊断程序等。一个完整的采集系统是复杂的系统，一般在实验研究时，可以根据需求构架一个最小系统，以便完成数据采集与处理。

　　数据采集系统的拓扑结构设计对数据采集有重要的意义，尤其是在考虑后期性能扩展时，更需要精心设计。图 3-1 是一个较为通用的设计方案。

　　(1) 传感器信息注册、管理数据封装、数据获取层服务器

　　该层主要实现最底层的数据获取，各种传感器通过数据采集卡采集后，统一输入到服务器上，服务器对传感器进行注册、封装及获取。该层的核心任务是设计传感器及其信号采集卡。硬件设计是检测系统重要的环节，硬件构建要考虑数据采集速度、精度、成本、人机界面、数据输出格式等。传感器与采集卡的信号类型设计对精度有较大的影响，主要涉及传感器是模拟信号还是数字信号。一般传感器输出模拟信号，通过采集卡进行模数转换，当采用高性能转换器的时候，精度可以得到保证。如果传感器输出数字信号，一般传感器输出 RS485 接口支持的信号，这时的转换是发生在传感器的内部，精度受到传感器的影响较大。

图 3-1　采集系统拓扑结构设计

（2）通信控制器、串口服务器、协议库

该层主要完成多种传输协议的协同，采用串口服务器完成
RS485 数据的采集管理，同时通过串口服务器实现对部分无线数
据的管理，包括 5G、4G 信号及 WIFI 信号的管理。对应 zigbee 信
号，要在 zigbee 中封装协议后输出（可以完成多种协议模式）。该
层可以完成多个 10/100M 自适应工业以太网、多个 485 串行通信
接口、多个 USB2.0 接口、GPRS/3G 远程无线数据传输、WIFI
无线局域网以及多路 DIO，实现灵活的配置。

该层可以实现的功能包括：多种传感器互联的通信模式，如
RS485、以太网；数据处理功能，如上传数据；具备 WIFI、4G 等

多种无线远程数据传送功能；隔离保护，如 15kV 空气放电及 8kV 接触放电保护、光电隔离、每通道独立光电隔离、串口保护等功能。

（3）现场服务器、规则库

该层主要完成多种传感器数据的融合，首先要通过数据滤波，完成噪声的清除、异常数据的清除等，采用的方法主要是小波方法、EMD 方法。然后是数据清洗，主要是完成部分不全数据的处理、空数据的处理等。这些完成后，根据定义好的融合算法，将传感器数据进行融合。数据融合的过程中，同时考虑液压数据标准，主要包括液压相关量程的转换、离散数据和开关数据的融合处理、必要的归一化处理。现场服务器中包括了数据融合、数据滤波、数据清洗的规则。同时完成状态判别和分类，完成超限分析、统计分析、时序分析、趋势分析、谱分析、轴心轨迹分析以及启停机工况分析等，具备初步诊断结论，并能指出故障发生的原因、部位，并给出故障处理对策或措施。

（4）工程师站、制造知识库

工程师站提供了系统管理级的接口，包括对用户的管理、各级权限的管理、系统接口的定义、人机接口的定义、控制算法的定义等，工程师站与企业的网络相连接，帮助企业工程师进行正确的决策，现场采集的数据在工程师站进行融合，主要完成采集数据与制造数据的融合，并将其存入知识库，同时可以完成数据的高级智能运算。在工程师站完成传感器网络的建模，不同模型下的算法决策，如采用 peite 网、贝叶斯网、马尔科夫感知网、深度学习网等。

（5）远程服务器

远程服务器主要完成数据监控、故障诊断、专家系统分析、协同处理等。该层主要完成故障识别算法。下面以专家系统识别为例说明。远程服务器的专家系统主要完成数据预警、故障类别判断、故障级别甄别等。专家系统首先需要构建诊断模型，主要是构建识别规则，同时要构建知识库，知识库代表了用户的需求。最后是设计推理机，推理机是一组推理程序，完成对所有数据的分析，并根据知识规则给出结论，在增减知识的同时，不需要修改推理机，这是专家系统的优势之一。

专家系统的故障诊断的模型可以定义为：

$$\text{IF} \quad \{DN_i, DD_i, D_{ij}, V_{ij}, w_{ij}, OP_{ij}(+, -, *, /, OR, AND, !), OpRule_i (<, >, = \cdots)\}$$

$$\text{THEN} \quad \{(FNum_i, Result_i(高, 非常高, 低, 非常低, \cdots), Act_i) \, i = 1, 2, \cdots, n; j = 1, 2, 3, \cdots, m\}$$

其中，DN_i 表示第 i 类数据类型的名称；DD_i 为数据的基本信息描述；D_{ij} 表示第 i 类数据的第 j 个数据名称；V_{ij} 表示第 i 类数据的第 j 个数据的特征值，该特征值可能有多个，因此采用了数组的数据结构；w_{ij} 为权值，表示某个数据的重要程度，$w_{i1} + w_{i2} + \cdots + w_{in} = 1$；$OP_{ij}$ 为操作集，表示对每个数据进行数学运算和逻辑运算；$OpRule_i$ 表示判例规则，即表示两个不同运算结果的比较；$FNum_i$ 为故障编号；$Result_i$ 为对判定结果的说明，一般表示高或者低等形式的说明，也可以定义其他的说明形式；Act_i 为动作集，表示对判定的结果实施某个动作，如让报警灯亮、报警声音响起等。建立故障的结构模型后，就可以用来表征故障，在专家系统中，把故障的特征模型称为"事实"，并以知识的形式存储在物理介质中。建立好专家系统后，就可以对采集的数据实施监控。

3.2 液压机数据采集硬件设计

硬件采集的方案很多，关键要考虑成本、可靠性、安装性、稳定性、兼容性、标准化、可扩展性、灵敏度、量程、响应时间、温度范围、精度要求、测量方式、测量环境适应性、供电电压、输出信号类型、电气连接口、机械连接口等指标，既满足目前的采集要求，还要考虑将来技术的升级与扩展。目前数据采集的硬件生产厂家非常多，类型也非常多，在选择的时候，需要了解相关参数后再选择。常用对传感器包括压力、流量、温度、转速、扭矩、位移、速度、电流、功率等。选择传感器还要考虑电气接口、电缆、电磁辐射、是否有腐蚀、测量介质等。

3.2.1　传感器选择

传感器的选择是采集系统首先要考虑的问题，对于传感器选择，需要考虑传感器的信号类型、精度、灵敏度、可靠性、接口形式等。

(1) 信号类型

目前传感器的输出信号有 $0\sim20\text{mA}$，$4\sim20\text{mA}$，$0\sim10\text{V DC}$ 等，常用的包括模拟电流信号 $4\sim20\text{mA}$，模拟电压信号 $1\sim5\text{V}$，振动传感器输出的电荷信号等。数字输出形式主要是支持 RS485 信号，其他的输出形式需要特别定制。温度传感器铂热电阻输出的是一个与温度成正比的电压信号。在信号的选择上，如果需要测量精度高，一般选择模拟输出，在采集卡上完成模数转换，但是模拟信号的布线需要较高的成本。一般的精度选择数字输出形式，因为数字输出的模数转换是在传感器上完成，一般情况下性能较差。

(2) 传感器的机械接口形式

在选择传感器的时候，一定要选择好机械接口形式，目前常用的机械接口形式有 BNC 接口、DIN 接头、航空插头、螺栓接口、弹簧端子型接口，并根据不同应用场合进行选择。

(3) 振动传感器选择

振动传感器是测量振动信号的，精度较高，一般采用加速度传感器，目前常用的加速度传感器是 255C33 加速度传感器，其价格较高但精度也较高。振动传感器一般成对使用，即在 X 方向和 Y 方向同时安装测量，另外还有其他安装方法，应根据测量要求进行选择。

（4）温度传感器选择

温度传感器要注意 2 线制、3 线制和 4 线制的接线方式和测温范围。输出精度一般有 ±1％FS、±0.5％FS 等。输出信号一般包括 1～5V，0～5V，4～20mA，0～10V 等。温度传感器类型非常多，常用的有 RTD 铂热电阻，测量的温度范围一般在 0～100℃，但精度较高，热电偶的测量范围非常宽，但需要非线性矫正，在使用的时候，要仔细对照传感器的使用特性及要求进行安装测试。

3.2.2　采集卡的选择

采集卡是采集系统的关键设备，其性能直接决定信号的精度。采集卡精度决定于模数转换装置。简单的采集卡可以通过单片机系统搭建，通过编写单片机程序实现简单的目标。如果速度要求较高的可以通过 DSP、PLA 等实现，要求较高时，可以选择现有产品。目前，采集卡类型非常多，技术也相对成熟。其中 NI 公司的采集系统技术完善，精度高，采集软件功能强大，是目前采集系统使用较多的系统，NI 公司采集卡类型非常多，可根据需要配置自己需要的系统。

（1）压力、流量采集卡

NI9203 是 8 通道对模拟采集卡，输入信号由 16 位对 ADC 进行缓冲、调理和采样，接线图如图 3-2 所示。

（2）振动采集卡

NI9232 是专用于振动采集的采集卡，它为 3 通道，通道速率

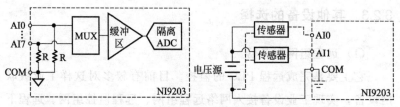

图 3-2 NI9203 采集卡原理与接线图

102.4Kb/s，电压±30V，测量来自集成电子压电（IEPE）和非
IEPE 传感器的信号，NI9232 集成了软件可选的 AC/DC 耦合、
IEPE 开路/短路检测以及 IEPE 信号调理。每个通道还具有内置的
抗混叠滤波器，可自动调整至采样率。

（3）温度采集卡

温度采集卡采用 NI9217，共 4 个通道 24 位、100RTD 模拟输
入，传感器采用四线制铂热电阻，最高温度为 100℃。其结构及接
线图如图 3-3 所示。

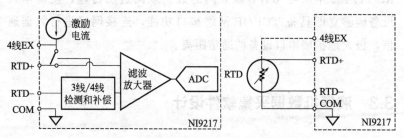

图 3-3 温度采集 NI9217 结构及接线图

（4）信号服务器

数据采集卡通过 cDAQ9189 机箱进行集中管理，进而将这些
信号统一集中，并转换成以太网信号上传到上位机。cDAQ9189 可
以看成是现场服务器，主要完成现场信号的传输协议的转换与集
成，并以以太网的形式上传到上位机。

3.2.3　其他设备的选择

（1）远程组网服务器

它主要是完成远程 PLC 的监控。目前有较多对这样工业级联网设备，实现工业设备接入网络远程组网、远程监控组网、远程下载 PLC 程序、远程调试的功能。从联网方式有多种分类，包括WIFI 桥接、有线网、4G 网络，可以实现多种网络的无缝切换，保证设备一直在线。以太网接口可以用来连接 PLC/HMI，用于远程 PLC 的程序下载、数据监控等。远程组网服务器可以实现 PLC的本地组网和远程组网数据采集，支持 PLC 的本地和远程程序下载更新，支持远程修改设备工作参数。

（2）串口服务器

串口服务器提供串口转 WIFI、串口转以太网、以太网转 WIFI功能，能够将 RS232/485 串口转换成 TCP/IP 网络接口，实现RS232/485 串口与 WIFI/以太网的数据双向透明传输，使得串口设备能够立即具备 TCP/IP 网络接口功能，连接网络进行数据通信，极大地扩展串口设备的通信距离。

3.3　液压机数据采集软件设计

液压机的数据采集软件与硬件是配套使用的，采集软件的接口部分与硬件接口适配，有些厂家为了节省成本和开发专利的需求，自己开发硬件，所以采集软件也相应地自己开发。一套完整的采集系统，一般价格非常昂贵，动辄几十万，价格主要集中在软件上，并且功能越多，价格越贵。一般情况下，采集系统可以完成以下功能。

3.3.1　基本功能

基本功能是完成采集的最小配置，也就是最小系统配置，对于采集系统的最小配置，一般要包括：主窗口，包括振动测量子窗口、温度测量子窗口、压力测量子窗口、流量测量子窗口；测量指示器，包括测量屏幕记录仪、示波器显示、数字仪表、模拟仪表、Bar 图、指示器、Tabular 值、XY 图，实时数据可以同时在多个波形记录仪中显示，进行存储回放和分析；数据导出为 excel、txt 功能，并具有导入功能；IO 控制；文件读取；测量数据的文件存储，包括 matlab、excel、txt 等不同类型文件，既可以导入，也可以导出，文件可以自动存储，也可以手动存储；所有量程可编程设定。

3.3.2　扩展功能

扩展功能是在最小系统采集的数据基础上，完成其他的数据分析等功能，一般扩展功能包括以下几个方面：滤波功能，包括抗混叠滤波、FFT 滤波、小波滤波等；存储功能，包括连续快速、连续缓慢、触发记录；各种波形参数，包括峰值、平均值、有效值、峰值指标、波形指标、脉冲指标、裕度指标、峭度指标；频率成分，若有故障特征频率倍频成分可按峰值大小排列，快速查找所有主要振动源、异常振动的部位和原因；采集参数，如通道数、分析频率、采样点数、低通设置、低通拐点、高通设置、抗混设置、包络设置、触发方式、采样率、灵敏度等；分析功能，如时域分析、频域分析、相关分析、概率分析、小波分析、趋势分析、相位分析、时间三维、转速三维（启停机分析）、轴心轨迹、伯德图、奈奎斯特图、转速阶比分析等；自标定功能，若仪器整机测量数值产生漂移，可登录并修正校正系数达到整机自标定功能；波形生成功能，有正弦波、三角波、矩形波三种标准信号不同频率、幅度信号叠加后的生成功能；参数的动态设置；时域加窗，包括不加窗、采样窗、汉宁窗、海明窗、三角窗、矩形窗、平顶窗、布莱克曼窗、凯塞窗、指数窗、锥形余弦窗；频谱分析，可提供幅值谱、功率、相位谱、倒频谱四种方式。一般，显示的波形是经过加窗（或不加窗）和频谱分析后的波形，而屏幕波形右侧显示波形的特征数据，分别对应原信号、处理后信号、频谱分析后信号。

在实践使用中，一般采用最小化采集系统，也就是采集系统仅仅完成数据的采集，数据的处理交由其他软件处理。

采集系统采用的编程软件，目前常用的有 C++、Python、C#、VB 等高级语言，算法的分析语言常用的有 matlab 等，可以用其对算法进行验证。如采集系统采用 NI 公司，可以用 Labview 进行编程。

3.3.3 Labview 采集程序设计

（1）界面设计

界面设计包括参数设置界面、控制界面、显示界面等，根据需要可进行设计。如图 3-4 所示是一个参数设置界面，界面设计的原则是要清楚、易操作。

图 3-4 中，对于压力信号采集需要设置设备号、采样率、采样点数、电流量程、偏移值、最小电流和最大电流。另外还包括通道号与每个通道的灵敏度。同时设置了文件的存储位置。温度采集参数设置包括设备号、采样率和采样点数，同时包括电阻的线制选择。

对于压力传感器，采样信号与灵敏度的换算关系如下：

设原始采用数据为 X，传感器的量程 L 为低位，H 为高位，采用 $4\sim20\text{mA}$ 电流信号，即 L 对应 4mA，H 对应 20mA，设输

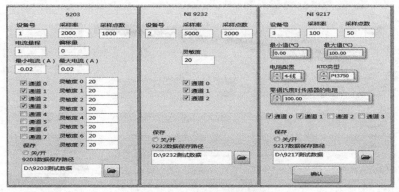

图 3-4　参数设置界面

出 Y 为标准压力信号，则需要计算灵敏度与偏移量。根据换算公式可以得到：

$$Y=\frac{X-4}{20-4}\times(H-L)+L=\frac{X-4}{16}\times(H-L)+L$$

由于工程中压力信号的最低量程一般为零，所以可以得到：

$$Y=\frac{X-4}{16}\times H=\frac{X-4}{\dfrac{16}{H}} \tag{3-1}$$

令灵敏度为 $\dfrac{16}{H}$，则每个通道的输出值为原始采集电流信号减去 $0.004\mathrm{A}$，然后再除以灵敏度。如果压力传感器的最高量程是 $25\mathrm{MPa}$ 时，灵敏度为 0.64。注意，偏移量的减号不能遗漏，系统默认是加。

电压信号的采集界面设计如图 3-5 和图 3-6 所示。

图 3-5 中，上半部分是压力信号的显示波形，右边是通道的选择项，中间是每个通道的压力数字显示。下半部分是频幅特性，同样，右边设计了通道选项。

图 3-6 是振动测量的显示界面，其功能类似于压力信号的界面。

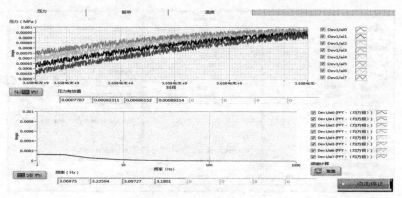

图 3-5 压力信号的显示窗口

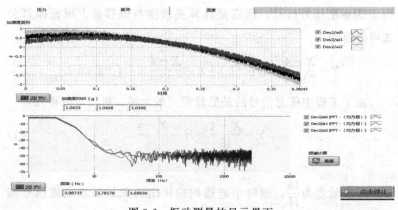

图 3-6 振动测量的显示界面

（2）采集程序设计

本处以压力采集程序为例说明其编写方法，采用的编程语言是 Labview 的 DAQmxAPI 函数，该函数功能强大，应用广泛。其采集函数如图 3-7 所示，图中用的函数从左到右共有 5 个，第一个是模拟输入函数，该函数的功能是添加一个或者一批虚拟通道，并创建任务，其 IO 类型可以是模拟输入输出、数字输入输出或者计数器输出等。该函数的输入端子有：任务输入端，功能是创建虚拟通道；物理通道端，可指定物理通道名称；分配名称端，可指定虚拟通道的名称；单位端，可设定数据单位；最大值、最小值端子；输入接线端，可设置采集通道的输入形式，如差分模式、非参考单端模式、伪差分模式等；错误输入端。输出端子包括：错误输出和任务输出两个。第二个是采样定时函数，用于采样设置，其输入端子包括：任务通道端，用于创建任务；采样率设置端；有效边沿设置端，用于指定采样是发生在上升沿还是下降沿；采样模式设置端，用于设置是连续采样还是有限采样，抑或硬件定时采样；每通道采样设置端，用于确定采样样本数或者设置缓冲区，输出端同第一个函数。第三个是开始任务函数，该函数显式地将一个任务转换到运行状态，当循环采样的时候，这个函数是必要的。第四个是读取函数，用于从指定的虚拟通道读取数据样本，其输入端子包括：每通道采样数，用于指定读取的数据样本数，当在连续采样时，函数读取缓冲区的所有数据，当有限采样的时候，按照设定样本数读取；超时端，用于超时设置。输出端子包括：数据端，用于输出级采样的数据，一般以一维数组的形式输出，数组的每个元素对应每个通道中的一个采样。第五个是入队列函数，表示将采集的数据加入一个队列中。

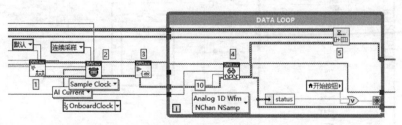

图 3-7　压力信号采集函数程序示意图

图 3-8 是压力信号处理程序，各部分的功能是：1 是获得队列，2 是出队列，3 是运算函数，4 是压力波形显示，5 是提取单频

信号，输出信号的频率、幅值及相位，6 是频谱测量，7 是幅值和电平检测，8 是波形参数获取函数，9 是设置波形参数函数，10 是入队列，11 是输出波形，12 是索引数组函数。其运行过程为在 1 处获得一个队列，这样前面采样到队列的数据被送入到 2 中进行出队列，之后这个数据送入到 3、5、6 的函数中，在 3 的地方被运算，运算结果送入到 4、5、6、8、12 所在的函数中，在 4 的地方以压力的形式显示。

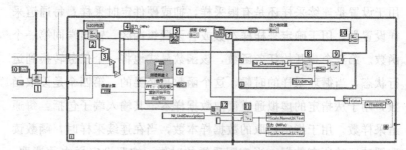

图 3-8　压力信号处理程序示意图

图 3-9 是参数设置程序，它可对灵敏度、采样率、设备号等进行设置。

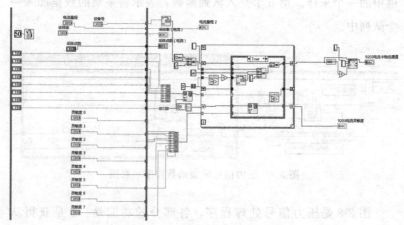

图 3-9　参数设置程序

3.3.4　NI 采集系统操作流程

采用 NI 系统的时候，首先要进行硬件连接，包括把传感器与采集卡连接，把采集卡插入卡服务器中，并把卡服务器用以太网线与电脑网口连接，把采集卡插入到卡服务器相应的位置上，如果是电流型的传感器需要串联外接电源。传感器接到液压设备上，对于低压设备，可以采用简易的快速接头连接。

对于软件操作，首先打开软件 NIMAX，即自动测量浏览器，如图 3-10 所示。

图 3-10　自动测量浏览器

图 3-10 中，详细地列出了主机信息，包括采集卡的信息、采集卡是否在线等，方便用户进行检查。然后打开设备和接口选项，将电脑的 IP 地址设置成在同一个网段，如果网线接好的话，系统会自动检测卡服务器，并把检测到的采集卡显示至其子目录下，如果采集卡的前面有红色的叉号的话，说明没有检测到该卡，这时，用鼠

标选择采集卡，并点击鼠标右键，选择自检后，并进行刷新，一般会自动连接，需要注意的是，这里卡的名称如 Dev1 要与 Labview 里的名字一样，否则 Labview 无法识别，如图 3-11 所示。

图 3-11　采集卡的名称及连接状态

如果在采集软件上无法采集到数据，在不确定问题的原因时，可以在 NIMAX 里对传感器信号进行测试，可以直接观测到信号是否进入到 NIMAX 里，如果这里采集到信号则原因可能是采集软件程序设计的问题，常见的命名不统一等。如果在 NIMAX 里没有测试到信号，说明可能是传感器或者线路故障，导致信号没有被采集到。

结束 NIMAX 的设置后，如果信号正常，就可以打开 Labview 软件进行测量了。表 3-1 是测量的一组数据，每一个列表示一个完整的 22 维的特征向量。

表 3-1　采集数据实例

故障 1	故障 3	故障 4	故障 5	故障 6	故障 7
0	0	0	0	0	0
0	0	0	0	0	0
0	0	0	1	0	1
1	1	0	0	0	0

故障1	故障3	故障4	故障5	故障6	故障7
0	0	0	0	0	0
0	0	0	0	0	0
1	1	0	0	0	0
1	1	0	0	0	0
0	0	0	1	1	0
0	0	1	1	1	1
0	0	0	1	1	0
0	0	1	0	1	0
1	1	1	1	1	1
20.724	20.73117	−0.07235976	0.030083206	0.001393312	0.053559602
2.066267	2.057044	0.426083136	2.672415903	0.445555583	0.057659064
2.060119	2.074465	0.438381523	0.621177388	0.447605314	0.676514984
12.7619	12.74346	0.316271311	0.62835078	0.154779373	0.715456256
0.052007	0.005888	−0.11540169	0.364669373	0.44863018	0.060733661
21.27522	22.25063	0.5800361	0.624087383	0.604622862	23.07522161
0.005888	0.014087	−0.11950092	−0.07440938	0.008565786	0.020763902
0.012037	0.014087	16.23219478	23.24858595	0.010615064	2.680614066
0.013062	0.008963	−0.09490554	−0.11540169	0.035206402	3.275490214

表 3-1 中，前面 13 个信号为开关量信号，是故障状态时液压机所处的工作状态，后面 9 个为关键管路上的压力，用于对故障进行分析与处理。

3.3.5 液压传感信号融合算法

多传感器融合算法包括特征提取、融合算法等。特征信号一般包括最大值、最小值、平均值、峰值、方差、标准差、偏度、峭度、均方根、波形因子、峰值因子、脉冲因子、裕度因子等。多传感器系统状态融合估计问题是指根据测量数据 y，求系统状态向量 $x(k)$ 在 k 时刻的最佳估计值 $\hat{x}$，设多个传感器信息融合的模型描述为：

$$x(k+1)=A(k)x(k)+B(k)w(k)$$

式中，$A(k)\in R^{n,n}$ 为状态转移矩阵；$B(k)\in R^{n,n}$ 为过程噪声分布矩阵；$w(k)$ 为过程噪声向量；$x(k)\in R^n$ 为 k 时刻的系统状态向量。

设系统有 N 个传感器，则测量方程为：

$$y_i^j(k)=C_i^j(k)x(k)+z_i^j(k)+v_i^j(k) \tag{3-2}$$

式中，$y_i^j(k)\in R^m$ 为第 j 个融合节点上的第 i 个传感器的测量向量，$i=1,2,\cdots,N$，而 $j=1,2,\cdots,m$；C_i^j 为测量矩阵；v_i^j 为测量噪声向量；z_i^j 为观测系统的常值误差。

且满足：$E\left\{\begin{bmatrix}w(k)\\v_i^j(k)\end{bmatrix}\left[w(j)^{\mathrm{T}},v_i^j(j)^{\mathrm{T}}\right]\right\}=\begin{bmatrix}Q(k)&S_i^j(k)\\S_i^j(k)^{\mathrm{T}}&R_i^j(k)\end{bmatrix}\sigma_{kj}$

式中，σ_{kj} 为 Kronecker-σ 函数；$Q(k)$ 为半正定矩阵，是 $w(k)$ 的方差矩阵；$R_i^j(k)$ 为对称正定矩阵，是 $v(k)$ 的方差矩阵。

则测量方程的状态估计为：

$$\hat{x}(k|k)=\hat{x}(k|k-1)+K(k)\left[y(k)-z(k)-\mu(k)-C(k)\hat{x}(k|k-1)\right]$$

$$K(k)=P(k|k)C(k)^{\mathrm{T}}R(k)^{-1} \tag{3-3}$$

P 为融合估计方差，表示为：

$$P(k|k)^{-1}=P(k|k-1)^{-1}+\sum_{j=1}^{M}\sum_{i=1}^{N}\left[P_i^j(k|k)^{-1}+\right.$$

$$\left. P_i^j(k|k-1)^{-1}\right] \tag{3-4}$$

3.4 液压机信号检测的测量方式设计

　　液压机信号检测的测量方式设计是指在液压机上布置传感器的位置，这与检测的信号类型、液压机的特点、液压机液压元件的性能等有关。本节以短周期贴面液压机为例说明测量点的设计。贴面液压机的工作过程复杂、液压回路元件多、液压回路复杂、控制精度高、信号采集涉及的类型多，需要精心设计才能达到故障诊断与性能评估的要求。信号检测是实现液压故障诊断与性能评估的基础，信号检测的错误将会导致结论的错误，信号检测与信号的类别有关，也与信号的参数选择有关。对液压系统的故障检测与性能评估而言，需要的参数越多越准确，但一般需要液压压力信号、流量信号、温度信号、振动信号、电磁阀工作信号等，这些信号的有机融合，就可以诊断出故障发生的位置与类型。因为液压设备的工作原理千差万别，要测试所有的信号，将会使得系统成本大大提高，所以在信号测量点的设计中，一般要关注故障频次较高的液压阀，并增加测量的参数量。

　　分析贴面液压机的工作过程，主要包括进料、压机下降、加压、保压、小泄压、泄压、压机抬升、压机到顶等几个过程，其中，加压压力最高到 25MPa，属于高压工作。因此，其液压回路就包括升降液压回路、泄压回路、调速回路、预充阀控制回路、溢流回路、减压回路、平衡回路等多个液压回路。根据这个信息，在设计测量点时，主要按照以下规则确定。

　　① 贴面液压泵包括两个泵，一个是高压泵，一个是大流量泵，一般高压泵发生故障的概率相对较高，所以需要检测其工作信号，常见的检测电流信号，可通过小波等算法处理，在频域中

发现故障信号。另外，在工作可靠性要求不是非常严格的情况下，可以采用振动信号检测，分别在 X 轴向和 Y 轴向安排两个振动传感器，当故障的时候，通过振动信号发现故障，该法操作简单，容易实现。

② 贴面液压机一般有一个先导式溢流阀和一个直动式溢流阀，先导式溢流阀故障率相对较高，所以一般需要测量溢流阀对出口的压力与流量，这样就可以对其进行故障检测。

③ 液压回路的检测。液压回路包括许多对液压元件，如换向阀、节流阀、调速阀、单向阀、液压缸、液压马达等许多的液压元件，对液压回路的检测参数一般包括压力、流量、转速、振动、位移、温度、速度、开关量等。对系统失压、压力不可调、压力波动与不稳等与压力相关的故障进行监视；通过监测重要元件流量变化状况达到对系统及元件的容积效率及元件磨损状况的监视目的；通过监测系统温度变化可以实现对与温度变化有密切联系的故障的监视，如系统内泄漏增加、冷却器故障或效率降低、执行机构运动速度降低或出现爬行导致溢流量增加等；泄漏量的大小直接反映了元件的磨损情况及密封性能的好坏。除了通过监测以上工作参数达到对系统工作状态进行监视的目的外，还可以监测系统的振动、噪声、油液污染程度、伺服元件的工作电流与颤振信号、电磁阀的通电状况等。

④ 贴面液压机可靠性影响最大的薄弱环节，并且负荷繁重的装置主要包括：高压柱塞泵、先导式溢流阀、大流量预充阀。所以在设计采集点的时候，这些都需要设计。

⑤ 贴面液压机寿命最短的零部件且对整台设备起安全保护作用的装置。环境恶劣，人员难以接近的装置主要有大流量预充阀、高位油箱滤芯等。根据以上设计思路，对短周期液压机采用的测量点主要包括高压柱塞泵采用振动信号与温度信号采集，其中对泵的

振动采集采用了 X 和 Y 两个通道，对先导式溢流阀采用出口压力与流量两个参数，对关键液压回路按照每个回路设计一个压力测量点、一个流量测量点，对所有电磁阀线圈的得电情况进行测量。因为压机的位移对系统工作要求不高，所以不需要采用位移传感器。考虑系统工作滤芯对工作的重要性，在系统主要滤芯设计防堵传感器。在液压泵的出口配置一个涡轮或齿轮流量计，测量液压泵的输出流量，并在流量计的测压口上安装一个压力传感器测量泵的输出压力，然后在溢流阀 P 口之前的管道上安装压力传感器，测量泵的输出压力。同时还需要在远控口上安装测试泵的远控压力和回油压力传感器，测得相应的压力时间曲线。通过液压测试形成压力与流量 XY 特性曲线。通过此 XY 曲线可以判断液压泵工作点的压力与流量是否达到额定值。

⑥ 在溢流阀的 R 口与油箱之间装上流量计测量溢流量，然后在 P 口的管道上安装压力传感器，用于测量溢流阀的 P 口压力。通过测得的压力 P_1 和流量 Q_1 特性曲线即可判断溢流阀的性能。

⑦ 在每个电磁换向阀的出口安装低压压力传感器，通过采集 P1、P2、P3、P4 压力传感器信号，建立并查看其时间曲线。如果发现低压传感器有压力开始建立，说明电磁换向阀有泄漏。

⑧ 在油缸的有杆腔和无杆腔的入口端安装压力传感器，在油缸外部安装位移传感器。在油缸启动伸出或缩回时采集这两个位置的压力值和位移值，从而得出压力与位移 XY 曲线，从而判断油缸的启动压力。

总之，监测的重点部位主要包括对机器的可靠性影响最大的薄弱环节，负荷繁重且不可缺少的装置，数据表明寿命最短的零部件，对整台设备起安全保护作用的装置，环境恶劣、人员难以接近的部位等。

3.5 信号的频域分析

信号的分析是提取信号特征的过程，是故障诊断的重要方法。信号分析方法有多种，其中，频域分析方法是信号分析中最基础，也是最重要的方法，傅里叶变换是常用的时域与频域转换的方法。

3.5.1 傅里叶变换

傅里叶变换的本质是将一个在实数域上满足绝对可积条件的任意函数 $x(t)$ 展开成一个标准函数 $\{e^{i\omega t} \mid \omega \in \mathbf{R}\}$ 的加权求和，对于信号 $x(t)$，其傅里叶变换为：

$$X(\omega) = \int_{-\infty}^{\infty} x(t) e^{-i\omega t} \, \mathrm{d}t \tag{3-5}$$

式中，$\omega = 2\pi f$。

$X(\omega)$ 的傅里叶逆变换：

$$x(t) = \frac{1}{2\pi} \int_{-\infty}^{\infty} X(\omega) e^{i\omega t} \, \mathrm{d}t \tag{3-6}$$

为了能在计算机上实现信号的频谱分析，要求时域信号是离散的，且是有限长。这样，由前面的连续傅里叶变换可以导出离散的傅里叶变换公式：

$$X(k) = \sum_{n=0}^{N-1} x(n) e^{-i\frac{2\pi nk}{N}} \tag{3-7}$$

$$x(n) = \frac{1}{N} \sum_{n=0}^{N-1} X(k) e^{i\frac{2\pi nk}{N}} \tag{3-8}$$

信号经过傅里叶变换实现从时域转换到频域。变换结果显示了信号的频域特性，对部分信号而言，傅里叶分析是非常有效的，因为它给出了信号所含的各频率成分。但是傅里叶分析也有不足，它无法反映频率随时间的变化。图 3-12 是关于轴承外圈故障的傅里叶变换频谱图，分别采用了 32 点和 256 点进行变换。这里故障数据采用的是西储轴承数据。

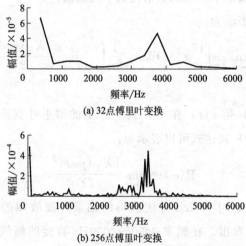

(a) 32 点傅里叶变换

(b) 256 点傅里叶变换

图 3-12　轴承外圈故障的傅里叶变换频谱图

由图 3-12 可以看出，点数越大，变换后的频率细节越丰富，频率定位更加准确。

3.5.2　功率谱估计

随机信号不能直接进行傅里叶变换，一般应先用功率谱来分析，功率谱是功率谱密度函数的简称，它是单位频带内的信号功率。功率谱具有统计特性，它表示了信号功率随着频率的变化情况，即信号功率在频域的分布状况，与傅里叶变换输出的频率不同，功率谱输出的是功率谱，是幅度取模后再平方，是一个实数。谱估计方法包括经典谱估计和 AR 模型功率谱估计。

设输入信号为 x，则其能量可以表示为：

$$E = \int_{-\infty}^{+\infty} x^2(t)\,dt = \frac{1}{2\pi}\int_{-\infty}^{+\infty} |X(j\omega)|^2\,d\omega \tag{3-9}$$

式中，$X(j\omega)$ 是 $x(t)$ 的傅里叶变换；$|X(j\omega)|^2$ 为能量谱；E 为能量，表示单位电阻上消耗的平均能量。

功率可表示为：

$$P = \lim_{T\to\infty} \frac{1}{2\pi}\int_{-T}^{+T} x^2(t)\,dt = \frac{1}{2\pi}\int_{-\infty}^{+\infty} \lim_{T\to\infty} \frac{|X_T(j\omega)|^2}{2T}\,d\omega \tag{3-10}$$

$X_T(j\omega)$ 是 $x(t)$ 在 $-T$ 到 $+T$ 上的傅里叶变换。则功率谱（功率谱密度）表达式可以表示为：

$$P(\omega) = \lim_{T\to\infty} \frac{|X_T(j\omega)|^2}{2T} \tag{3-11}$$

图 3-13 是用 Welch 方法获得的轴承外圈故障的功率谱。由图 3-13 可以看出，在频率 $3000\sim4000\mathrm{Hz}$ 直接的幅值较大，功率谱也较大，可以看出这个频段是该故障发生的特征。

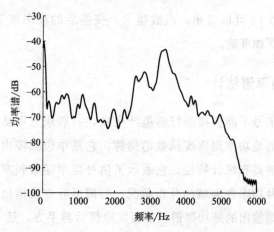

图 3-13 Welch 方法功率谱估计

3.5.3 短时傅里叶变换

短时傅里叶变换，是获得信号不同分辨率的一种方法，其基本思想是将信号加滑动时间窗，并对窗内信号做傅里叶变换，得到信号的时变频谱。通过一个窗函数 $g(t)$，移动窗函数使 $f(t)g(t)$ 在不同的有限时间宽度内是平稳信号，从而计算出各个不同时刻的功率谱。短时傅里叶变换使用的是一个固定的窗函数，窗函数一旦确定，其形状就不再发生改变，短时傅里叶变换的分辨率也就确定了。如果要改变分辨率，则需要重新选择窗函数。短时傅里叶变换适合分析分段平稳信号，当信号变化剧烈时，要求窗函数有较高的时间分辨率；而波形变化比较平缓的时刻，主要是低频信号，则要求窗函数有较高的频率分辨率。短时傅里叶变换不能兼顾频率与时间分辨率的需求。Wigner-Ville 分布定义为信号中心协方差函数的傅里叶变换，它具有许多优良的性能，如对称性、时移性、组合性、复共轭关系等，不会损失信号的幅值与相位信息。短时傅里叶变换就是先把一个函数和窗函数进行相乘，然后再进行一维的傅里叶变换。

$$STFT(t,\omega) = \int_{-\infty}^{+\infty} [x(u)g(u-t)]\mathrm{e}^{-\mathrm{j}\omega u}\,\mathrm{d}u \qquad (3\text{-}12)$$

用短时傅里叶变换对轴承故障进行分析，采用轴承外圈故障，采样长度为 800 点时的频谱图如图 3-14，对轴承内圈故障并采用 800 点时的频谱图如图 3-15 所示。

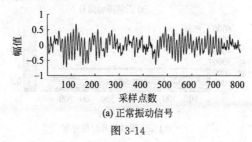

(a) 正常振动信号

图 3-14

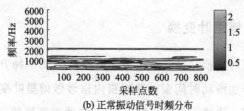

(b) 正常振动信号时频分布

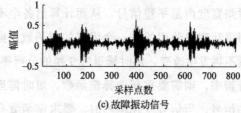

(c) 故障振动信号

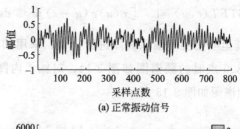

(d) 故障振动信号时频分布

图 3-14　采样长度 800 点时外圈故障的频谱图

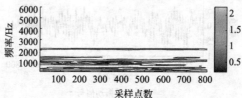

(a) 正常振动信号

(b) 正常振动信号时频分布

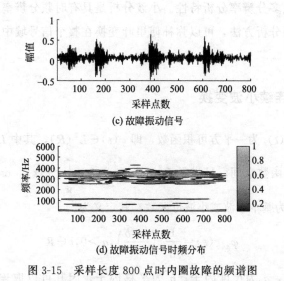

(c) 故障振动信号

(d) 故障振动信号时频分布

图 3-15　采样长度 800 点时内圈故障的频谱图

由图 3-14、图 3-15 可以看出，无论是正常信号，还是故障信号，通过短时傅里叶变换后的频谱图可以看出，其能量会集中在某一个频段上，这为故障的诊断带来方便。

3.6　液压机数据的小波处理

由短时傅里叶变换对函数（信号）进行的分析，相当于用一个形状、大小相同的窗口在一频域平面上移动去观察某固定长度时间内的频率特性。用固定的短时傅里叶变换，选择一扇宽窗子，低频成分可以看得清楚，在高频部分确定时间时就很糟糕；选一扇窄窗子，在高频可以很好确定时间，但在低频的频率就可能装不进去。小波变换通过伸缩和平移运算对信号进行多尺度分解，能够有效地从信号中获取各种时频信息，它在时域和频域同时具有良好的局部

57

化性质及多分辨率分析特性。小波分析是具有时频分辨率随尺度变化的时频分析方法，可以弥补傅里叶变换在整个信号域中固定尺度的不足。

3.6.1 连续小波变换

设 $\varphi(t)$ 为一平方可积函数，即 $\varphi(t) \in L^2(R)$，其中 $L^2(R)$ 为平方可积函数空间，且满足 $L^2(R) = \left\{ x(t) : \int_R |x(t)|^2 \mathrm{d}t < \infty \right\}$，则 $\varphi(t)$ 为基本小波或小波母函数，其定义为：

$$\varphi_{a,b}(t) = \frac{1}{\sqrt{a}} \varphi\left(\frac{t-b}{a}\right), a > 0, t \in \mathbf{R} \tag{3-13}$$

式中，a 为尺度因子；b 为平移因子，因其可以取连续的值，故称连续小波基函数。当 a 逐渐增大时，小波基函数 $\varphi_{a,b}(t)$ 的时间窗口变大，但其频域窗口减小；反之当 a 逐渐减小时，小波基函数 $\varphi_{a,b}(t)$ 的时间窗口变小，但其频域窗口变大。

将任意 $L^2(R)$ 空间中的函数 $f(x)$ 在小波基下展开，称为函数 $f(x)$ 的连续小波变换，记为 CWT，其表达式为：

$$W_f(a,b) \leqslant f(t), \varphi(t) \geqslant \frac{1}{\sqrt{a}} \int_R f(t) \overline{\varphi\left(\frac{t-b}{a}\right)} \mathrm{d}t \tag{3-14}$$

这里称 $\overline{\varphi\left(\frac{t-b}{a}\right)}$ 为复共轭。为了更加清楚了解中心频域与带宽，令

$$\frac{1}{\sqrt{a}} \varphi\left(\frac{t-b}{a}\right) = g(t-b) \mathrm{e}^{-\mathrm{j}\omega t} \tag{3-15}$$

在 b 的位置处，时间宽度是 $a\Delta t$，中心频率为 $\frac{\omega_0}{a}$，带宽（窗口

宽度）为 $\dfrac{\Delta\omega}{a}$，随着尺度 a 的变化，对应中心频率及窗口宽度也发生变化。

3.6.2　离散小波变换

由连续小波变换在 CWT 系数重建中可知，其信息量是冗余的，如果采用连续小波变换，则对计算量和存储量要求更高，因此，提出了离散小波变换。其主要做法是把小波基函数 $\varphi_{a,b}(t)=\dfrac{1}{\sqrt{a}}\varphi\left(\dfrac{t-b}{a}\right)$ 的 a、b 限定在一些离散的点上取值，常用二进制离散。令尺度 $m=0$ 时，b 为 T，在尺度在 2^m 时候，b 取 $2^m\times T$，$a=2^m$，记小波系数为 $\varphi_{m,n}(t)$，则：

$$\varphi_{m,n}(t)=\frac{1}{\sqrt{2^m}}\varphi\left(\frac{t-2^m\times nT}{2^m}\right)=\frac{1}{\sqrt{2^m}}\varphi\left(\frac{t}{2^m}-nT\right)\quad(3\text{-}16)$$

则对函数 $f(x)$ 的连续小波变换为：

$$W_f(m,n)=\int_{\mathbf{R}}f(t)\overline{\varphi_{m,n}(t)}\mathrm{d}t\quad(3\text{-}17)$$

3.6.3　小波包分析

小波分析是一种窗口面积固定但其形状可改变的分析方法，它在分解的过程中只对低频信号再分解，对高频信号不再实施分解。小波包分析能够为信号提供一种更加精细的分析方法。小波包分析将时频平面划得更为细致，它不但对低频分解，而且对高频部分也进行分解。从函数理论的角度来看，小波包变换是将信号投影到小波包基函数的空间中。从信号处理的角度来看，它是让信号通过一系列中心频率不同但带宽相同的滤波器。

设 $x(t)$ 为分析信号，$d(i,j)$ 表示第 i 层上第 j 个小波包，称为小波包系数，h 和 g 为小波包分解的低通滤波器和高通滤波器，则其分解算法为：

$$d(i,2j) = \sum_k h(k-2t)d(i-1,j)$$

$$d(i,2j+1) = \sum_k g(k-2t)d(i-1,j) \tag{3-18}$$

小波包的重构算法为：

$$d(i,j) = \sum_k h(k-2t)d(i+1,2j) +$$

$$\sum_k g(k-2t)d(i+1,2j+1) \tag{3-19}$$

图 3-16 是采用 db5 小波包三层信号分解，使用 shannon 熵，分别对轴承正常信号、内圈故障信号、滚动体故障信号、外圈故障信号进行分解与重构的结果。

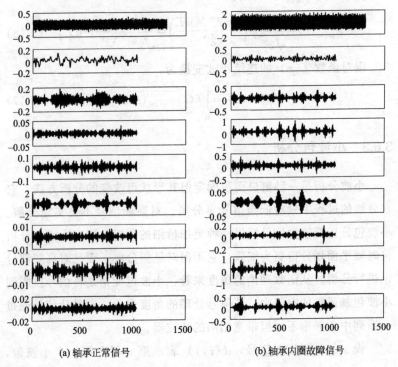

(a) 轴承正常信号　　　　　　　　　(b) 轴承内圈故障信号

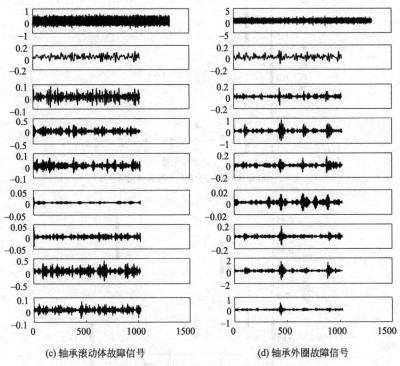

(c) 轴承滚动体故障信号　　　　　　(d) 轴承外圈故障信号

图 3-16　轴承信号的小波包分析与信号重构

由图 3-16 可以清楚地看出，正常数据的小波包分析与故障数据的小波包分析后特征区别非常明显，对于不同故障的小波分析数据，其区别也较明显，但仍不是非常的清晰，所以小波分析后的数据往往借助其他分析算法完成故障的定位。

小波包分析过程中，如对每一个节点的范数平方求和，便可以求出各个节点的能量分布，三层分解可以形成 8 个能带，其分解子带图如图 3-17 所示。

由图 3-17 可以看出，正常轴承的能量谱主要分布在 1 和 2 子带中，故障的主要分布在第 3 子带和第 7 子带中，但其他子带也有

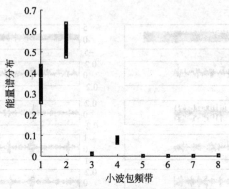

(a) 正常轴承3层分解的小波包能量谱分布

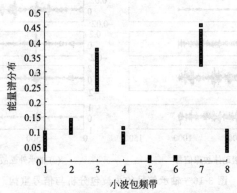

(b) 内圈故障3层分解的小波包能量谱分布

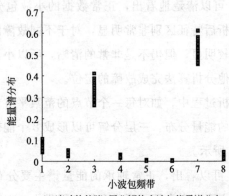

(c) 滚动体故障3层分解的小波包能量谱分布

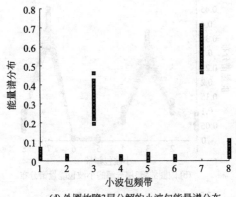

(d) 外圈故障3层分解的小波包能量谱分布

图 3-17　小波包分析的子带图

较大的不同，这为故障的分类打下基础。同样，能量分布子带虽然可以观测到能量分布较大的子带，但通过直观的观测仍是很难区别故障类型，所以，通常把能量子带当作特征值，然后通过其他分析算法进行分析，可以得到非常直观的结果。把小波包分析的子带图用线段进行连接，形成能量子带桥图，如图 3-18 所示。

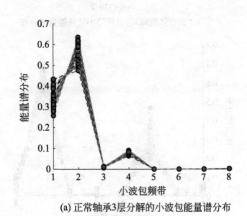

(a) 正常轴承3层分解的小波包能量谱分布

图 3-18

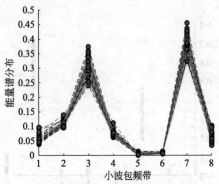

(b) 内圈故障3层分解的小波包能量谱分布

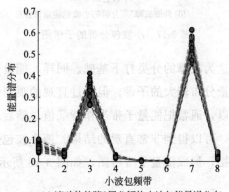

(c) 滚动体故障3层分解的小波包能量谱分布

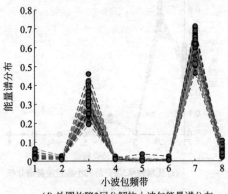

(d) 外圈故障3层分解的小波包能量谱分布

图 3-18　能量子带桥图

由图 3-18 可以直观地看出，正常信号的小波频带分布在 1 频带和 2 频带中，其他故障信号的小波频带分布在 3 频带和 7 频带中，其能量大小和分布形态有较大的区别。

小波包分析的能量子带经常用于故障特征的提取，借助其他算法实现故障的诊断，对于一些故障难以检测的信号，其能量分布比较相近，经常造成其他算法的误判，在实践发现，采用 16 个频带的小波包分析比 8 个频带的更加容易识别，准确度会提高，所以在实践中，可以采用 16 个频带的小波包分析提供特征。

3.7　液压机数据的 EEMD 处理

3.7.1　EMD 基本原理

经验模态分解（Empirical Mode Decomposition，简称 EMD）是 Norden E. Huang 等人在瞬时概念的基础上提出的信号分析处理方法。该法非常适合非线性、非平稳信号分析。

EMD 是依据数据自身的时间尺度特征来进行信号分解，将复杂的信号分解为有限的本征模函数（Intrinsic Mode Function，简称 IMF），各 IMF 分量包含了原信号的不同时间尺度的局部特征信号。经验模态分解法能使非平稳数据进行平稳化处理，再进行希尔伯特变换获得时频谱图，得到有物理意义的频率。与短时傅里叶变换、小波分析等方法相比，这种方法较直观，因为基函数是由数据本身所分解得到。其时域和频域分辨率都远远高于小波谱。经验模态分解方法分解是基于以下假设条件：数据至少有两个极值，一个极大值和一个极小值；数据的局部时域特性是由极值点间的时间尺度唯一确定；如果数据没有极值点但有拐点，则可以通过对数据一次或多次微分求得极值，然后再通过积分来获得分解结果。为了从原始信号中分解出内模函数，经验模态分解法过程如下：

① 找到信号 $x(t)$ 所有的极值点，用 3 次样条曲线拟合出上下极值点的上包络线 $e_{up}(t)$ 和下包络线 $e_{low}(t)$，并求出上下包络线的平均值 $m_1(t)$：

$$m_1(t) = \frac{1}{2}\left[e_{up}(t) + e_{low}(t)\right] \tag{3-20}$$

② $x(t)$ 减去评价值 $m_1(t)$，得到一个的新序列 $h_1(t)$：

$$h_1(t) = x(t) - m_1(t) \tag{3-21}$$

如果 h_1 满足 IMF 条件，则 $h_1(t)$ 就是第一个 IMF 分量。

③ 如果 $h_1(t)$ 不满足 IMF 条件，将对其重复前面两步，重新得到一个平均值 $m_2(t)$，再按照下面式子判断是否满足 IMF 条件：

$$h_2(t) = h_1(t) - m_2(t) \tag{3-22}$$

如果不满足，称重复 k 次，得：

$$h_k(t) = h_{k-1}(t) - m_k(t) \tag{3-23}$$

当 $h_k(t)$ 满足 IMF 条件时，令 $c_1(t) = h_k(t)$ 为信号 $x(t)$ 的第一个满足 IMF 的分量。它代表了原始信号的高频分量。

④ 将 $c_1(t)$ 从 $x(t)$ 分离出来，得到一个剩余信号：

$$\text{Res}(t) = x(t) - c_1(t) \tag{3-24}$$

然后将 $\text{Res}(t)$ 作为原始信号，重复以上动作，依次得到其他满足 IMF 的分量。当不能再从 $\text{Res}(t)$ 中提取满足 IMF 条件的分量时，循环结束。这样，经过 EMD 方法分解就将原始信号 $x(t)$ 分解成一系列 IMF 以及剩余部分的线性叠加：

$$x(t) = \sum_{i=0}^{N} c_i(t) + \text{Res}_n(t) \tag{3-25}$$

式中，$\text{Res}_n(t)$ 为残余函数，代表信号的平均趋势。

从 EMD 理论的介绍可以看出，EMD 的目的是将组成原始信号的各尺度分量不断从高频到低频进行提取，则分解得到的特征模态函数顺序是按频率由高到低进行排列的，即首先得到最高频的分量，然后是次高频的，最终得到一个频率接近为 0 的残余分量。而对不断进行分解的信号而言，能量大的高频分量总是代表了原信号的主要特性，是最主要的组成分量，所以 EMD 方法是一种将信号的主要分量先提取出来，然后再提取其他低频部分分量的一种分析方法。EMD 方法把信号分解成一组单分量信号 IMF 的组合，再对各分量进行希尔伯特变换，得到瞬时特征量，并将这些瞬时特征量变换到时频平面形成希尔伯特谱。由于希尔伯特谱只和信号本质特征有关，能根据分解过程中信号的特征而自适应发生改变，故 EMD 方法具有自适应时频分析的特征。EMD 方法的数学基础和核心是希尔伯特变换，而希尔伯特变换的主要目的是得到单分量信号的瞬时频率，强调信号的局部瞬时特性。

给定一个连续的时间信号 $x(t)$，其希尔伯特变换 $y(t)$ 的定义为：

$$y(t) = \frac{1}{\pi} \int_{-\infty}^{\infty} \frac{x(t)}{t-\tau} \mathrm{d}\tau \tag{3-26}$$

对每个 IMF 分量作希尔伯特变换得到：

$$\hat{c}_i(t) = \frac{1}{\pi} \int_{-\infty}^{\infty} \frac{c_i(t)}{t-\tau} \mathrm{d}\tau \tag{3-27}$$

按照下式构造解析信号：

$$z_i(t) = c_i(t) + j\hat{c}_i(t) = a_i(t) \mathrm{e}^{j\varphi_i(t)} \tag{3-28}$$

式中，$a_i(t)$ 为瞬时幅值函数；$\varphi_i(t)$ 为瞬时相位函数。

$$a_i(t) = \sqrt{c_i^2(t) + \hat{c}_i^2(t)} \tag{3-29}$$

令 $\varphi_i(t) = \arctan \dfrac{\hat{c}_i(t)}{c_i(t)}$ 可求出角速度，即 $\omega_i(t) = \dfrac{\mathrm{d}\varphi_i(t)}{\mathrm{d}t}$，这样，可以得到：

$$x(t) = \mathrm{Re}\left(\sum_{i=1}^{n} a_i(t) \mathrm{e}^{\mathrm{j}\varphi_i(t)}\right) = \mathrm{Re}\left(\sum_{i=1}^{n} a_i(t) \mathrm{e}^{\mathrm{j}\int \omega_i(t)\mathrm{d}t}\right)$$

(3-30)

瞬时频率为

$$f_i(t) = \frac{1}{2\pi}\omega_i(t)$$

(3-31)

省略残量 Res_n，Re 表示取实部。则希尔伯特谱为：

$$H(\omega, t) = \mathrm{Re}\left(\sum_{i=1}^{n} a_i(t) \mathrm{e}^{\mathrm{j}\int \omega_i(t)\mathrm{d}t}\right)$$

(3-32)

则希尔伯特边际谱为：

$$h(\omega) = \int_0^T H(\omega, t)\mathrm{d}t$$

(3-33)

式中，T 为信号的总长度。

$H(\omega, t)$ 描述了信号的幅值在整个频段上时间和频率的变化规律，$h(\omega)$ 描述了幅值随频率的变化规律。

3.7.2　EMD 的不足

（1）EMD 端点效应处理

EMD 是通过多次的筛选过程来逐个分解 IMF，在每一次的筛选过程中，要根据信号的上、下包络来计算信号的局部平均值；上、下包络是由信号的局部极大值和极小值通过样条插值算法给出。由于信号两端不可能同时处于极大值和极小值，因此上、下包络在数据序列的两端不可避免地会出现发散现象。以左端点为例，如果该点为极大值点，那么上包络线可以把它作为左端终点，不会发生大幅度的摆动；对于下包络线由于左端点不是极小值点，则无法确定它的左端终点，会产生大幅度的摆动，给筛选过程引入误差，并且这种发散的结果会随着筛选过程的不断进行，逐渐向内"污染"整个数据序列而使得所得结果严重失真。在 EMD 中，这种现象称为端点效应，它会直接影响 EMD 的质量。

（2）EMD 模态混叠问题

经验模态分解作为一种非常灵活的自适应时频数据分析方法，广泛地应用于从非线性和非平稳过程的噪声中提取特征信号。但这种方法在实际应用中也会存在一些问题，如对时间尺度跳跃性变化的信号进行 EMD 时，会出现以下情况：不同时间尺度特征成分被分解到一个特征模态函数分量，或者同一时间尺度成分出现在不同的特征模态函数中，称这种现象为模态混叠，它的出现受原始信号频率特征的影响且和 EMD 的算法有关。

3.7.3　EEMD

集合经验模态分解（Ensemble Empirical Mode Decomposition，简称 EEMD）是针对 EMD 方法的不足，提出了一种噪声辅助数据分析方法。EEMD 的主要方法是对原始信号多次加入不同白噪声，然后再进行 EMD 分解，得到多组 IMF 分量，再求平均作为 IMF 分量，因为白噪声均值为零、方差为零，所以在求多组 IMF 的均值的时候，白噪声的影响就消除了。

图 3-19 是 EMD 对轴承数据分解示意图。图 3-20 是对轴承正常数据和故障数据的 EMD 分解，图中可以看出不同 IMF 通道能量的分布情况。图 3-21 为 EMD 分解后各 IMF 分量能量谱分布。

由图 3-20、图 3-21 可以看出，正常轴承 EMD 分解后的 IMF 能量分布与故障时不同。在故障情况下，能量基本集中在第一、第二 IMF 分量中。

图 3-22 是不同轴承数据 EMD 各 IMF 分量的向量全维度图。由图 3-22 可以看出，正常信号 IMF 分量的向量全维度图与故障信号有明显的不同，并且不同的故障信号也有较明显的区别。

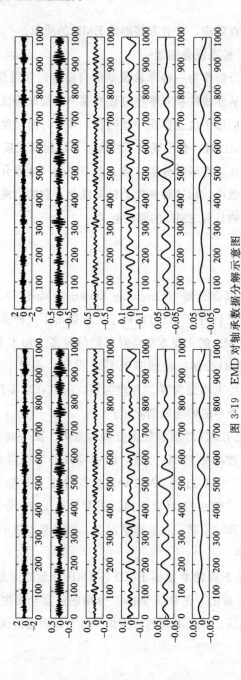

图 3-19 EMD 对轴承数据分解示意图

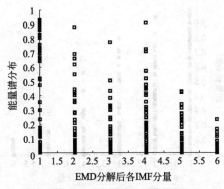

(a) 正常轴承EMD分解后各IMF分量能量谱分布

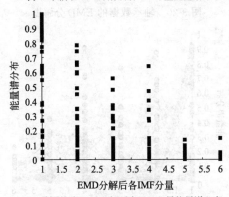

(b) 外圈故障EMD分解后各IMF分量能量谱分布

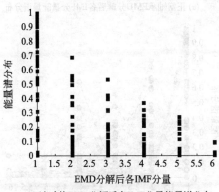

(c) 滚动体EMD分解后各IMF分量能量谱分布

图 3-20

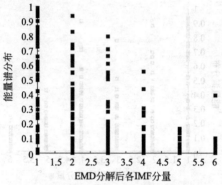

(d) 内圈故障EMD分解后各IMF分量能量谱分布

图 3-20　轴承数据的 EMD 分解图

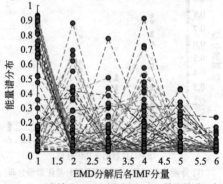

(a) 正常轴承EMD分解后各IMF分量能量谱分布

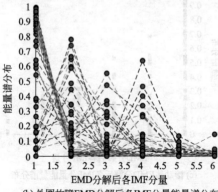

(b) 外圈故障EMD分解后各IMF分量能量谱分布

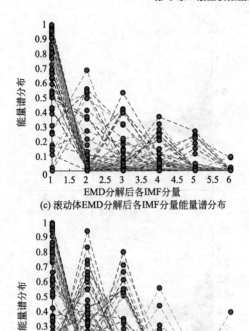

(c) 滚动体EMD分解后各IMF分量能量谱分布

(d) 内圈故障EMD分解后各IMF分量能量谱分布

图 3-21　EMD 分解后能量谱分布

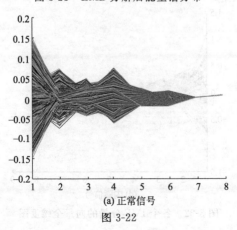

(a) 正常信号

图 3-22

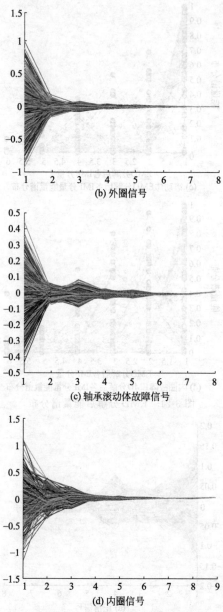

(b) 外圈信号

(c) 轴承滚动体故障信号

(d) 内圈信号

图 3-22　各个 IMF 分量的向量全维度图

图 3-23 是轴承信号能量谱分布。可以看出，正常信号的能量分布在各能量子带中，轴承外圈故障的能量集中在第一子带中，但在第二子带和第四子带中也存在少量的能量。轴承滚动体的能量分布在第一子带中。轴承内圈的故障信号能量主要分布在第一、第二和第三子带中。这些能量的分布形态不同，并有较大的差异，使得一些分类算法较容易地识别出来。

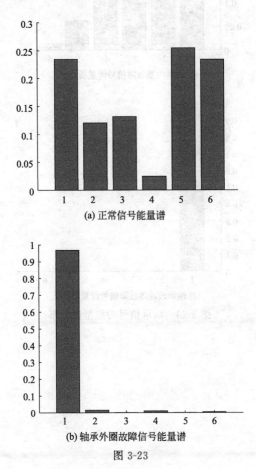

(a) 正常信号能量谱

(b) 轴承外圈故障信号能量谱

图 3-23

图 3-24 是轴承各元件振动谱。可以看出，正常信号及内圈振动、各频段能量分布。滚动体和内圈能量集中一些、内圈、下降比较明显但正常信号的能量值、相比较滚动体的能量分布化较一下均匀。内圈内圈的能量值是能量分布之一、滚动体中、各频段能量值集中在低频段、最大的差异、内圈分量差异差异分布发生及其明显分布。

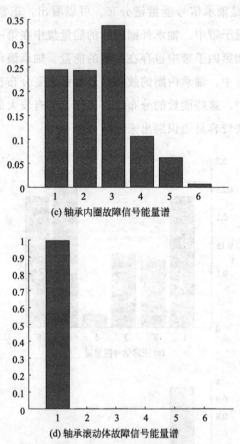

(c) 轴承内圈故障信号能量谱

(d) 轴承滚动体故障信号能量谱

图 3-23　轴承信号的能量谱分布

第 4 章

液压机故障智能诊断技术

4.1　智能化故障诊断技术概述

液压技术已经成为世界各国工业领域的关键技术之一，据不完全统计，现在 95% 以上的机械设备都采用液压技术和装置。液压机是各种高强度钢、碳素钢和合金钢的加工、锻压必须采用的核心装置，广泛应用在航空航天、钢材、大型轴承件、核工业、军事、船舶、起吊机、人造板等重工业领域的设备中，是能源、石油、冶金等国民经济支柱产业中的关键设备，一些液压机是工业体系和国防所需的战略装备，是国家发展大型军事装备和大型工业装备的基础设备，标志着国家综合生产能力与技术发展水平，其可靠性和安全运行性至关重要。液压机价格比较高昂，如湖州某大型轴承企业进口的液压锻造机，耗资近 2 亿。液压机实质是一个融机电、液控于一体的系统，其控制复杂、故障诊断困难。故障停机不但降低了企业的生产效率，造成巨大的经济损失，而且因为这些液压设备的维修技术被国外封锁，给生产企业带来极大的困难，因此对液压机设备的可靠运行、故障诊断与健康预测具有重大现实意义。

4.1.1　大型液压系统故障诊断技术研究现状

大型液压机故障具有隐蔽性、交错性、随机性、差异性、不确定性、复杂性、时效性分散等特点，其工作状态多、元件多、故障诊断困难、耗时长，因此研究人员从没有停止对诊断方法的探索。在缺乏故障诊断的有效手段时，技术人员通常采用隔离法、逻辑分析法、元件对换法等进行故障定位，然而即使经验丰富的技术人员也需要较长的时间找到故障。因此，基于数学、信号处理方法早期被广泛使用在液压故障诊断中，如采用卡尔曼滤波实现液压缸漏油故障检测、采用主元分析的分层理论对液压系统分析等。随着计算机技术发展，近年来智能化故障诊断方法得到广泛的研究。Ahmad Mozaffari 等将混合神经网络应用到油缸故障诊断中，试验表明优于支持向量机，另外，还有如多传感器融合方法、粒子群优化 PSO 优化神经网络诊断方法、T-S 与贝叶斯相结合方法、模糊 petri 网诊断方法、PSO-Elman 神经网络的诊断方法、双层 FSVM 模型的诊断方法、基于 EMD 包络谱分析的液压泵故障进行诊断方法、petri 网液压马达故障的诊断方法、故障树的专家系统推理机方法等。支持向量机 SVM 因为对维度高的数据处理能力强，泛化能力强而得到广泛的研究。V. Muralidharan 使用小波包分析进行离心泵故障特征的提取，然后用 SVM 算法对故障进行识别，结果表明 SVM 在故障分类中具有重大实际价值。隐马尔科夫（Hidden Markov Model，HMM）是根据概率来预测事物不同状态变化的模型，能够有效地描述随机过程的统计特性，实现模式识别与分类，可用非常少的样本估算出状态改变的概率，是一种有力的统计分析模型，广泛使用在语音识别、手写识别、手势识别、人脸识别中，适合非平稳、重复再现性不佳的信号分析。马尔科夫不需要精确的数学模型，能够解决同一故障在不同条件下的误诊问题（包括故障间的相互影响）。

随着网络技术的发展，基于 web 的远程监测与故障诊断技术得到广泛研究，国际上知名公司如 siemens 等都在自己的产品中嵌入了远程监测与诊断模块；美国卡特彼勒公司的 CMS 计算机监控系统，通过 LeTourneau 集成网络控制系统，将错误信息、故障原因进行显示与报警，另外还有 GSM 全球异动信息系统、VMS 关键信息管理系统可以实现故障预警与诊断。我国三一重工开发 GPRS 无线通信技术和 GIS 地理信息技术可实现智能液压产品的远程监控。远程智能故障诊断技术的液压故障诊断技术蓬勃发展，为产品提高复杂问题诊断的高品质服务，有效地整合了各种资源，节省了大量的资源，缩短了故障诊断的时间。

当今在液压故障诊断装备研发方面，主要以直接检测仪器为主，如图 4-1(a) 为非接触测振仪，它可以检测液压泵工作状态。图 4-1(b) 为液压压力及温度测试仪，多用于液压泵、阀、管路压力、流量、温度等检测，大型综合的智能化故障诊断装置现在很少。

(a) 非接触测振仪　　　　　　　　(b) 液压压力及温度测试仪

图 4-1　常用检测仪器

综上所述液压故障诊断方法，大多从液压组成元件出发，实现液压系统局部诊断，对相互耦合性强的液压故障诊断效果不佳。神经网络的故障诊断具有自学习、自组织的优点，但存在诊断解释不直观，多传感器融合困难，对数据不完备问题及边界数据的模糊性处理不好，需要高质量的训练样本，且收敛速度慢，有时会陷入局部最优的不足。现有的专家系统等智能方法优点是推理严密、可靠性高，但不足是知识难以表达并且获取困难，造成推理速度慢、效率低，很难及时发现关键液压元件的潜在故障。

如何从海量数据中提取有效信息，即对无关变量敏感度低，且需要较少的训练样本，并具有收敛快、能快速找到全局最优值、能适应于大型液压机的故障诊断方法是亟待解决的问题。

4.1.2 大型液压系统性能评估研究现状

液压系统性能退化评估技术是大型设备可靠性技术的关键技术，我国中长期规划中，明确将"重大产品寿命预测技术"作为重点发展方向之一。近年来，液压机广泛采用计算机控制技术与比例伺服阀控制技术，液压阀也采用叠加阀、片装阀、插装阀、2D 阀等，使得液压系统功能更加强大，但故障产生的机理也更加复杂（如比例伺服阀 PID 参数的变化引起的压力参数蠕变），预测与诊断难度增大。液压系统的性能退化主要与元件的制造加工与装配、工作载荷与力学性能的匹配、气穴与液压冲击造成的点蚀、工作磨损、机械疲劳等有关。因液压元件性能退化（如液压泵滑靴、配流盘的磨损）呈现多态性，为此，科研人员采用安装应变片，然后通过有限元分析法，验证液压机机械部件的失效性。另外，将 FTA（故障树）进行改变，形成模糊 FTA、多态 FTA 等算法，应用到液压性能退化研究中，但该算法需要领域专家给出元件的可靠性指标而形成"瓶颈"。研究人员根据液压阀结构特点与工作特性预测故障产生的概率，建立智能化故障预测模型，包括神经网络学习、灰色系统理论、多源信息融合、专家系统方法等，构建表征特征库，实现状态评估与预测。如在 FTA 中加入贝叶斯网络 BN 能较好地预测液压故障，采用 AMESim 对液压关键元件进行可靠性建模、贝叶斯网络方法电液伺服作动器可靠性评估、知识与数据融合的可靠性定量模型建模等。建立机械系统的剩余寿命预测模型，能根据相似设备，通过似然拟合函数判断设备性能状态，采用广义回归神经网络（GRNN）建立液压故障观测器，并建立了健康基线，通过计算特征向量的平均值、标准差、相关矩阵，最后计算马氏距离，根据马氏距离与健康基线的距离，开展健康及性能评估。

采用信任函数和似然函数的贝叶斯网络分析等方法对大型液压机性能评估，可以实现对每个部件发生的故障概率进行计算，进而判断系统发生故障的环节，但对数据不足引起的不确定问题、对故障的多态性问题难以解决（如供油压力不足、缸泄漏会引起不同的故障状态）。

虚拟现实技术是多媒体技术发展之后在计算机领域被研发出来的，具备交互性、自主性、多感知性以及多存在感。采用计算机技术，能够对复杂数据进行可视化操作和数据交互，进而形成一种新的方式，相比传统计算机技术来说更具有直观性。随着该技术的发展，未来将其应用于液压系统的故障诊断中，将给液压系统故障诊断技术带来一次新的技术性革命。

以云计算为基础的实时故障诊断方法，其诊断方法主要是利用专用网以及因特网，可以将液压系统工作状态传送到相应的监控平台中，实现对数据的远程采集、分析、监测、提供重要的技术支持等。由于受到数据传输量等因素的影响，目前故障诊断技术只能够对少量数据故障进行诊断，因此，会影响诊断精确度。将云计算与网络技术进行融合，可实现不同特征信号的数据传输、采集、诊断，能够准确定位故障部位，对液压系统运行状态进行实时监测，因而该技术也成为液压系统故障诊断的主要发展趋势。随着计算机及人工智能的发展，将计算机技术与人工智能技术相结合，通过建模模拟应用于液压机的故障诊断，可以大大地改善液压机的性能。

大型液压机的智能化故障诊断得到广泛研究，但大型液压机故障诊断与性能评估仍存在困难，主要有：一是在复杂环境下，随机故障概率预测模型较难建立；二是液压机故障原因及性能退化规律仍需研究；三是远程故障监控与故障数据分析方法还需研究；四是还没有实现装备化及产业化。大型液压机故障诊断与性能评估困难、模型难以建立、智能化故障诊断装置缺乏，采用集成混合算法是一种发展趋势，通过构建故障诊断的集成模型，可实现大型液压机故障的快速定位、性能退化评估、故障数据分析，减少对液压维修人员的过度依赖，尤其是国外设备的维修问题，减轻了检测人员的负担，降低了企业的运行成本，发展了设备的主动维修与可靠性维修技术。

4.2 支持向量机在液压机故障诊断中的应用

支持向量机又称为SVM（Support Vector Mac），因其优秀的分类能力而得到广泛应用。

4.2.1 SVM工作基本原理

SVM工作基本原理是在有效的数据空间中，寻找一个将数据类进行分离的超平面，因为建立超平面只需要少量支持向量即可完成，因此有较好的泛在性、鲁棒性。

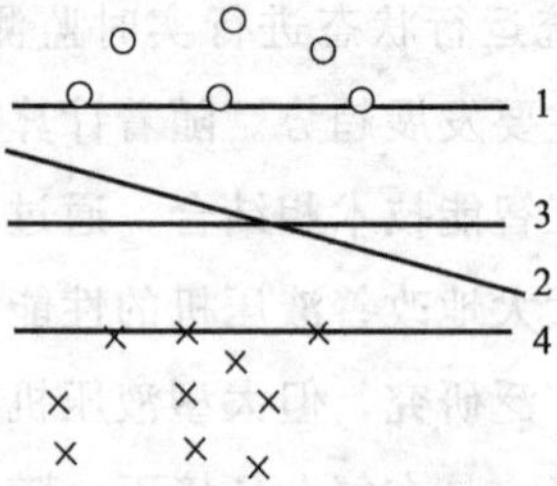

图 4-2　SVM 原理示意图

设有两类数据，分别用圆圈和乘号表示，如图 4-2 所示，图中直线 3 将两类数据能够完全分开，同时也可以看到，这条线与两类数据距离越大，说明分离的效果越明显，在高维空间中这样的直线称之为超平面，为计算距离，找到一条由向量数据支持的直线 1，这条直线距 3 最近，同时，还可以找到另外一组向量数据支持的直线 4，并确保其距 3 最近。这里把两类向量数据支持的并距离这个超平面最近的点称为支持向量。实际上如果确定了支持向量也就确定了这个超平面，找到这些支持向量之后其他样本就不会起作用了。直线 2 虽然可以分离两类数据，但距离并不是最佳的，算法的主要目标是希望两组支持向量间的距离最大。

设超平面 3 的方程为：$\boldsymbol{w}^{\mathrm{T}}\boldsymbol{x}+b=0$

设 $P(x_1,x_2,\cdots,x_n)$ 为样本中的某一个点，则该点到超平面的距离 d：

$$d=\frac{|w_1x_1+w_2x_2+\cdots+w_nx_n+b|}{\sqrt{w_1^2+w_2^2+\cdots+w_n^2}}=\frac{|\boldsymbol{W}^{\mathrm{T}}\boldsymbol{X}+b|}{\|\boldsymbol{W}\|}$$

如果找到所有的支撑向量，并使得通过调整 w、b 值，使得直线 1 与直线 4 间隔最大，其目标函数可以写成：

$$\max \frac{1}{\|\boldsymbol{w}\|}$$

$$\text{s.\,t.}\quad y_i(\boldsymbol{w}^{\mathrm{T}}\boldsymbol{x}+b)\geqslant 1,\ i=1,2,\cdots,n \qquad (4\text{-}1)$$

这里 y 表示标签，暂时令其值为 1 或 -1，这时目标函数可以等价成：

$$\min \frac{1}{2}\|\boldsymbol{w}\|^2$$

$$\text{s.\,t.}\quad y_i(\boldsymbol{w}^{\mathrm{T}}\boldsymbol{x}+b)\geqslant 1,\ i=1,2,\cdots,n \qquad (4\text{-}2)$$

因为现在的目标函数是二次的，约束条件是线性的，所以它是一个凸二次规划问题。可以通过拉格朗日对偶性（Lagrange duality）变换到对偶变量（dual variable）的优化问题，即通过求解与原问题等价的对偶问题（dual problem）得到原始问题的最优解，这就是线性可分条件下支持向量机的对偶算法，通过该算法引入核函数，进而推广到非线性分类问题。通过给约束条件加上一个拉格朗日乘子（Lagrange multiplier），定义拉格朗日函数，则变成：

$$L(\boldsymbol{w},b,a)=\frac{1}{2}\|\boldsymbol{w}\|^2-\sum_{i=1}^{n}a_i\big[y_i(\boldsymbol{w}^{\mathrm{T}}\boldsymbol{x}+b)-1\big] \qquad (4\text{-}3)$$

可以看出当所有约束条件都满足时，则最优值为 $\frac{1}{2}\|w\|^2$。因为如果约束条件没有得到满足，则得不到所要求的最小值。

令 $\dfrac{\partial L(w,b,a)}{\partial w}=0$，$\dfrac{\partial L(w,b,a)}{\partial b}=0$，则可以得到：

$$w=\sum_{i=1}^{n}a_i y_i x_i，\quad \sum_{i=1}^{n}a_i y_i=0$$

将以上结果代入之前的 L：

$$L(w,b,a)=\frac{1}{2}\sum_{i=1}^{n}\sum_{j=1}^{n}a_i a_j y_i y_j x_i^{\mathrm{T}}x_j-$$

$$\sum_{i=1}^{n}\sum_{j=1}^{n}a_i a_j y_i y_j x_i^{\mathrm{T}}x_j-b\sum_{i=1}^{n}a_i y_i+\sum_{i=1}^{n}a_i$$

$$=\sum_{i=1}^{n}a_i-\frac{1}{2}\sum_{i=1}^{n}\sum_{j=1}^{n}a_i a_j y_i y_j x_i^{\mathrm{T}}x_j \tag{4-4}$$

经过上面推导得到的拉格朗日函数中已经没有了变量 w 和 b，从上面的式子得到：

$$\max\sum_{i=1}^{n}a_i-\frac{1}{2}\sum_{i=1}^{n}\sum_{j=1}^{n}a_i a_j y_i y_j x_i^{\mathrm{T}}x_j$$

$$\mathrm{s.\,t.}\quad a_i\geqslant 0,\ i=1,2,\cdots,n$$

$$\sum_{i=1}^{n}a_i y_i=0 \tag{4-5}$$

这样，可求出 a_i，根据 $w=\sum\limits_{i=1}^{n}a_i y_i x_i$ 即可求出 w，然后通过下式即可求出 b：

$$b=-\frac{\max(w^{\mathrm{T}}x_i)_{y_i=-1}+\min(w^{\mathrm{T}}x_i)_{y_i=1}}{2} \tag{4-6}$$

最终得出分离超平面和分类决策函数为：

$$f(x)=\mathrm{sgn}(wx_i+b)=\mathrm{sgn}\left(\sum_{i=1}^{n}a_i y_i x_i x+b\right) \tag{4-7}$$

式中，sgn 为符号函数，结果为正或者为负；a_i 为拉格朗日乘子，决定了支持平面的位置，即最大间隔距离。在实践中，信号中经常存在噪声或者异常数据，这些数据会影响超平面的确定，而且前面假设 $w^T x + b = \pm 1$，但其值不一定总是 1 或者 -1，所以引入一个松弛变量，允许数据点在一定程度上偏离超平面。则会有：

$$\min\left(\frac{1}{2}\|w\|^2 + C\sum_{i=1}^{n}\xi_i\right)$$

$$\text{s.t.} \quad y_i(w^T x + b) \geqslant 1 - \xi$$

$$\xi \geqslant 0$$

$$i = 1, 2, \cdots, n \tag{4-8}$$

其中 $\xi \geqslant 0$ 称为松弛变量（slack variable），对应输入数据允许偏离的量。由公式可以看出，如果 ξ 任意大的话，任意的超平面都是符合条件，这显然是不可以的，所以在原来的目标函数后面加上一项，使得这些 ξ 的总和最小，其中 C 是一个参数，用于控制目标函数中"最大的超平面"和"保证数据点偏差量最小"之间的权重。ξ 是需要优化的变量，而 C 是一个事先确定好的常量。

新变换后的拉格朗日函数变为：

$$L(w, b, a, \xi, \tau) = \frac{1}{2}\|w\|^2 + C\sum_{i=1}^{n}\xi_i -$$

$$\sum_{i=1}^{n}a_i\left[y_i(w^T x + b) - 1 + \xi_i\right] - \sum_{i=1}^{n}\tau_i\xi_i \tag{4-9}$$

式中，a 和 τ 为拉格朗日乘子。

分析方法和前面一样，先让 L 针对 w、b 和 ξ 最小化，对 L 分别求 w、b、ξ 的偏导，并令其为 0，可以得到一系列包含拉格朗日乘子的表达式。

$$\frac{\partial L(\mathbf{w}, b, a, \xi, \tau)}{\partial \mathbf{w}} = 0 \Rightarrow \mathbf{w} = \sum_{i=1}^{n} a_i y_i \mathbf{x}_i, \ i = 1, 2, \cdots, n$$

$$\frac{\partial L(\mathbf{w}, b, a, \xi, \tau)}{\partial b} = 0 \Rightarrow \sum_{i=1}^{n} a_i y_i = 0, \ i = 1, 2, \cdots, n$$

$$\frac{\partial L(\mathbf{w}, b, a, \xi, \tau)}{\partial \xi_i} = 0 \Rightarrow C = a_i + \tau_i, \ i = 1, 2, \cdots, n$$

(4-10)

代入拉格朗日函数后可以转换为原问题的对偶问题，最终结果为：

$$\max \sum_{i=1}^{n} a_i - \frac{1}{2} \sum_{i=1}^{n} \sum_{j=1}^{n} a_i a_j y_i y_j \mathbf{x}_i^{\mathrm{T}} \mathbf{x}_j$$

$$\text{s. t.} \quad 0 \leqslant a_i \leqslant C, \ i = 1, 2, \cdots, n$$

$$\sum_{i=1}^{n} a_i y_i = 0$$

(4-11)

4.2.2 核函数

事实上，很多时候数据并不是线性可分的，也就很难找到最优的超平面。对于非线性的情况，解决的办法之一就是升维，升维后许多数据可以实现线性可分，但维数增加带来的是计算的复杂和时间的花费。SVM 处理的另外一种方法是选择一个核函数，将数据映射到高维空间，来解决在原始空间中线性不可分的问题。引入核函数后的判别函数为：

$$f(x) = \mathrm{sgn}(\mathbf{w}\mathbf{x}_i + b) = \mathrm{sgn}\left[\sum_{i=1}^{n} a_i y_i k(\mathbf{x}_i \cdot \mathbf{x}) + b \right]$$

(4-12)

具体来说，在线性不可分的情况下，支持向量机首先在低维空间中完成计算，然后通过核函数将输入空间映射到高维特征空间，最终在高维特征空间中构造出最优分离超平面，从而把平面上本身不好分的非线性数据分开。常用的核函数有线性核函数，径向核函数，多项式核函数和 sigmoid 函数。其中径向核函数使用较多，其核函数为：

$$k(\boldsymbol{x}_i \cdot \boldsymbol{x}) = \exp\left(-\frac{\|\boldsymbol{x}-\boldsymbol{x}_i\|}{2\sigma^2}\right) \qquad (4\text{-}13)$$

4.2.3 多核 SVM 融合

因为不同的核函数有不同的分类效果，因为单核函数的 SVM 将数据映射到核空间后无法充分描述异构数据集的特性，可以采用不同核函数的组合，以便适应异构数据集的特性，大大提高泛化能力。组合核函数表达形式如下：

$$k_\eta(\boldsymbol{x}_i, \boldsymbol{x}) = f_\eta\{[k_m(\boldsymbol{x}_i, \boldsymbol{x})]_{m=1}^P\} \qquad (4\text{-}14)$$

式中，P 为特征集的个数，也是核函数的个数；η 为组合核函数中每一个核函数的权系数。核函数在组合的时候，可以有多种方式，如线性组合、非线性组合、相关组合等。目前，多核 SVM 的主要算法是在多核的融合算法方面，也是研究的热点。

4.2.4 SVM 参数的粒子群寻优

为寻找最优的参数 C、核宽度 σ，一般采用人工试探法、交叉验证法、遗传算法、粒子群算法。粒子群算法因效率较高得到广泛的使用。粒子群优化算法（PSO）也是起源于对简单社会系统的模拟，最初设想是模拟鸟群觅食的过程。但后来发现 PSO 是一种很好的优化工具。假设在一个 D 维的目标搜索空间中，有 N 个粒子组成一个群落，其中第 i 个粒子表示为一个 D 维的向量 $\boldsymbol{X}_i = (x_{i1}, x_{i2}, \cdots, x_{iD})$，$i=1,2,\cdots,N$；第 i 个粒子的"飞行"速度也是一个 D 维的向量，记为 $\boldsymbol{V}_i = (v_{i1}, v_{i2}, \cdots, v_{iD})$，$i=1,2,\cdots,3$。第 i 个粒子迄今为止搜索到的最优位置称为个体极值，记为 $\boldsymbol{p}_{best}=(p_{i1},p_{i2},\cdots,p_{iD})$，$i=1,2,\cdots,N$。整个粒子群迄今为止搜索到的最优位置为全局极值，记为 $\boldsymbol{g}_{best}=(p_{g1},p_{g2},\cdots,p_{gD})$。在找到这两个最优值时，粒子根据如下的公式来更新自己的速度和位置：

$$v_{id}=wv_{id}+c_1r_1(p_{id}-x_{id})+c_2r_2(p_{gd}-x_{id}) \tag{4-15}$$

$$x_{id}=x_{id}+v_{id} \tag{4-16}$$

式中，c_1 和 c_2 为学习因子，也称加速常数（acceleration constant）；r_1 和 r_2 为 [0，1] 范围内的均匀随机数。

采用 PSO 优化后的 SVM，其分类精度一般情况下会明显提升，但优化过程耗时较长。

4.2.5　液压机故障的 SVM 分类

用 SVM 对液压机故障的诊断有多种方式，其中有监督学习模式比较常用。在这种模式下，需要采集故障模式下的特征向量，并进行训练，构建故障的模型，然后对故障进行识别。特征向量的维度对识别率有较大的影响，维度过高不利于识别。另外，在采用 PSO 进行参数优化后的识别率总体会好一些（但有时反而下降），但耗时较长，所以，一般用 PSO 寻找到最优参数后，可以在识别中直接使用，提高响应速度。图 4-3 是采用了 22 维的测试集用 PSO 进行优化的结果，图 4-4 是采用 9 维的测试集用 PSO 进行优化后得到的识别率与误差，图 4-5 是 22 维测试集及 9 维测试集的 PSO 适应度结果。每个故障类训练样本都采用的是 3 个训练样本。

由图 4-3 和图 4-4 可以看出在特征向量维度较大的情况下，识别率比维度小时的识别率低，这主要因为维度较大的情况下，冗余特征对支持向量的形成造成了干扰，最优超平面确定结果没有达到最优。所以在 PSO 优化支持向量机下进行故障分类，样本观测向量维度要小。

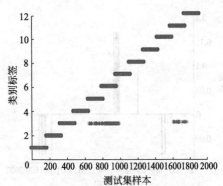

(a) 识别率分析 ($C=0.1, g=29.9, ACC=92.96\%$)

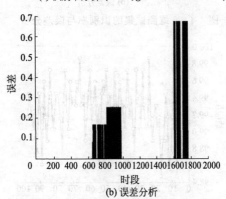

(b) 误差分析

图 4-3　22 维测试集的识别率与误差分析

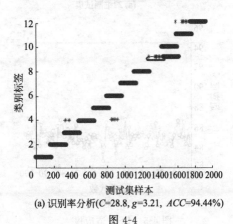

(a) 识别率分析 ($C=28.8, g=3.21, ACC=94.44\%$)

图 4-4

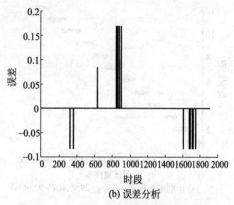

(b) 误差分析

图 4-4　9 维测试集的识别率与误差分析

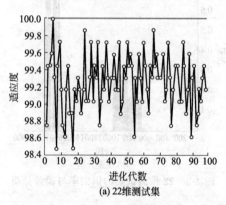

(a) 22维测试集

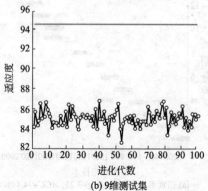

(b) 9维测试集

图 4-5　PSO 适应度

由图 4-5 可以看出，在 22 维的测试集下，最佳适应度（波动的折线）较 9 维的要剧烈一些，PSO 在优化的结果很难确保最优，平均适应度（直线表示）也要高于 9 维的特征向量。所以，在使用 PSO 优化后的 SVM 进行故障分类的时候，可以减小特征向量的维度。

训练样本的大小对 SVM 的识别率也有较大的影响，为了验证这点，分别采用训练样本为 3 和 6 进行验证，如图 4-6 和图 4-7，图中采用直接给定 SVM 系数方法。

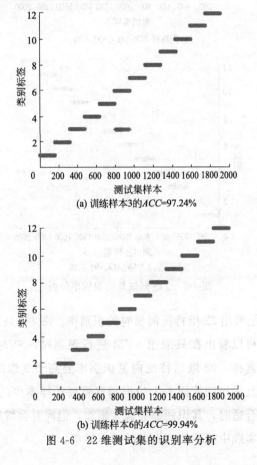

(a) 训练样本 3 的 *ACC*=97.24%

(b) 训练样本 6 的 *ACC*=99.94%

图 4-6　22 维测试集的识别率分析

由图 4-5 可以看出，在参数寻优范围以内，测试集的识别（误识率）对应不同位置的参数量不一样，此时 PSO 在优化过程中就相对来说，平均速度比（理论更快所需要），但是收敛性在前期，所以，如前面得 PSO 算法与 SVM 进行结合成了的重要，但同时会增加样本采集的困难。

训练样本的大小及 SVM 的参数选择对识别率的影响很大，表明了也存在此，其测量其机器作基本以及 SVM 进行了正确，对图 4-6 和图 4-7 的图中采用的是参数的 SVM 参数对比。

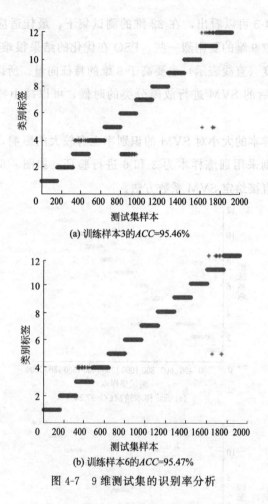

(a) 训练样本3的ACC=95.46%

(b) 训练样本6的ACC=95.47%

图 4-7　9 维测试集的识别率分析

图 4-6 是采用 22 维特征向量时的识别率，图 4-7 是采用 9 维的特征向量，可以看出在只采用 SVM 进行识别时，SVM 的参数根据经验进行选择，22 维的特征向量识别率要高于 9 维的特征向量识别率，并且采用训练样本大的识别率要高于样本少的。当 SVM 的训练样本合适时，其识别率会大大增加，但同时会增加样本采集的困难，在实践中很难找到太多的训练样本。

综上所述，SVM 是一种优秀的分类器，可以高效地执行数据的分类，但其参数对分类效果有较大的影响，在实践中，有较多的方法获得该参数，可以获得较好的分类结果。

4.3 BP 神经网络的算法及应用

BP 神经网络是深度学习的基础，当前其反向传播算法得到了广泛的应用，掌握 BP 的传播算法，对掌握深度学习算法有重要的意义，也是学习其他神经网络的基础。其传播算法包括向前传播和向后传播。为了说明其传播算法，现以图 4-8 为例说明。

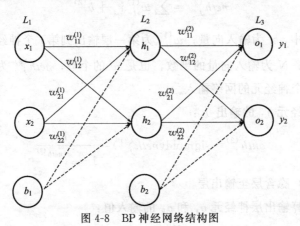

图 4-8 BP 神经网络结构图

图 4-8 是典型的三层神经网络的基本构成，L_1 是输入层，L_2 是隐含层，L_3 是输出层，设输入数据为 $\{x_1, x_2, x_3, \cdots, x_n\}$，输出数据为 $\{y_1, y_2, y_3, \cdots, y_n\}$，现设第一层输入层只包含两个神经元以及阈值 b_1；第二层隐含层包含两个神经元 h_1、h_2 和阈值 b_2；第三层是输出 o_1 和 o_2，每条线上标的 w 是层与层之间连接的权重，激活函数为 sigmoid 函数。

4.3.1 向前传播

（1）输入层至隐层

计算神经元 h_1 的输入加权和为：

$$neth_1^{(2)} = \sum_{i=1}^{N} w_{i1}^{(1)} x_i + b^{(2)} \tag{4-17}$$

神经元 h_2 的输入加权和为：

$$neth_2^{(2)} = \sum_{i=1}^{N} w_{i2}^{(1)} x_i + b^{(2)} \tag{4-18}$$

神经元 $h_j^{(2)}$ 的输入为：

$$neth_j^{(2)} = \sum_{i=1}^{N} w_{ij}^{(1)} x_i + b^{(2)} \tag{4-19}$$

式中，x 为输入向量；$w_{ij}^{(1)}$ 为第一层输出到第 j 个神经元的所有权值；N 为输入向量的维数，也是 w 的个数；$neth_j^{(2)}$ 为第二层中第 j 个神经元的网络输入。

神经元 h_1 的输出 o_1：

$$outh_j^{(2)} = \text{sigmoid}(neth_j^{(2)}) = \frac{1}{1 + e^{-neth_j^{(2)}}} \tag{4-20}$$

（2）隐含层至输出层

计算输出层神经元 o_1 和 o_2 的输入值：

$$neto_j^{(3)} = \sum_{i=1}^{M} w_{ij}^{(2)} outh_{ij}^{(2)} + b^{(3)} \tag{4-21}$$

计算输出层神经元 o_1 和 o_2 的输出值：

$$outo_j^{(3)} = \text{sigmoid}(neto_j^{(3)}) = \frac{1}{1 + e^{-neto_j^{(3)}}} \tag{4-22}$$

这样向前传播的过程就结束了，可得到输出值与实际值相差较大，现在对误差进行反向传播，更新权值，重新计算输出。

4.3.2   反向传播

（1）计算总误差

总误差为所有输出的误差和，其公式为

$$E = \frac{1}{2} \sum (\text{target} - \text{output})^2 \qquad (4\text{-}23)$$

（2）隐含层至输出层的权值更新

以权重参数 $w_{11}^{(2)}$ 为例，如果想知道 $w_{11}^{(2)}$ 对整体误差产生了多少影响，可以用整体误差对 $w_{11}^{(2)}$ 求偏导求出：

$$\frac{\partial E}{\partial w_{11}^{(2)}} = \frac{\partial E}{\partial outo_1^{(3)}} \times \frac{\partial outo_1^{(3)}}{\partial neto_1^{(3)}} \times \frac{\partial neto_1^{(3)}}{\partial w_{11}^{(2)}}$$

$$= -(targeto_1^{(3)} - outo_1^{(3)}) outo_1^{(3)} (1 - outo_1^{(3)}) outh_1^{(2)}$$

$$(4\text{-}24)$$

图 4-9 可以更直观地看出误差是怎样反向传播的。

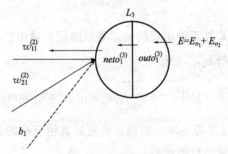

图 4-9   反向传播示意图

然后计算每个式子的值：

$$\frac{\partial E}{\partial outo_1^{(3)}} = -(targeto_1 - outo_1^{(3)})$$

因为 $outo_1^{(3)} = \text{sigmoid}(neto_1^{(3)}) = \dfrac{1}{1 + e^{-neto_1^{(3)}}}$

$$\frac{\partial outo_1^{(3)}}{\partial neto_1^{(3)}} = outo_1^{(3)}(1 - outo_1^{(3)})$$

且

$$neto_1^{(3)} = \sum_{i=1}^{M} w_{i1}^{(2)} outh_{i1}^{(2)} + b^{(3)}$$

所以

$$\frac{\partial neto_1^{(3)}}{\partial w_{11}^{(2)}} = outh_1^{(2)} \tag{4-25}$$

最后相乘得出整体误差 $E(\text{total})$ 对 $w_{11}^{(2)}$ 的偏导值。

令 δ_{o1} 来表示输出层的误差：

$$\delta_{o1} = \frac{\partial E}{\partial outo_1^{(3)}} \times \frac{\partial outo_1^{(3)}}{\partial neto_1^{(3)}}$$

$$= -(targeto_1^{(3)} - outo_1^{(3)}) outo_1^{(3)}(1 - outo_1^{(3)}) \tag{4-26}$$

因此，整体误差 $E(\text{total})$ 对 $w_{11}^{(2)}$ 的偏导公式可以写成：

$$\frac{\partial E}{\partial w_{11}^{(2)}} = \delta_{o1} outh_1^{(2)} \tag{4-27}$$

即整体误差等于输出层的误差乘以隐层的输出。

最后来更新 $w_{11}^{(2)}$ 的值：

$$w_{11}^{(2)} = w_{11}^{(2)'} - \eta \frac{\partial E}{\partial w_{11}^{(2)}} = w_{11}^{(2)'} - \eta \delta_{o1} outh_1^{(2)} \tag{4-28}$$

式中，η 是学习速率。同理，可更新其他所有的权值。

(3) 隐含层的权值更新

在隐含层之间的权值更新时，以更新权值 $w_{11}^{(1)}$ 为例说明，其求导过程是 $outh_1^{(2)}$ 到 $neth_1^{(2)}$ 再到 $w_{11}^{(1)}$，$outh_1^{(2)}$ 是输出误差的和，如图 4-10 所示。

$$\frac{\partial E}{\partial w_{11}^{(1)}} = \frac{\partial E}{\partial outh_1^{(2)}} \times \frac{\partial outh_1^{(2)}}{\partial neth_1^{(2)}} \times \frac{\partial neth_1^{(2)}}{\partial w_{11}^{(1)}} \tag{4-29}$$

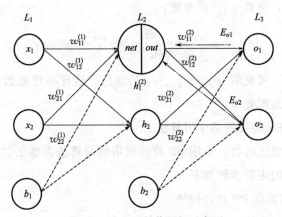

图 4-10　隐含层权值更新示意图

其中，$\dfrac{\partial E}{\partial outh_1^{(2)}} = \dfrac{\partial E_{o1}}{\partial outh_1^{(2)}} + \dfrac{\partial E_{o2}}{\partial outh_1^{(2)}}$

$$\frac{\partial E_{o1}}{\partial outh_1^{(2)}} = \frac{\partial E_{o1}}{\partial neto_1^{(3)}} \times \frac{\partial E_{o1}}{\partial outo_1^{(3)}} \tag{4-30}$$

$$neto_1^{(3)} = w_{11}^{(2)} outh_1^{(2)} + w_{21}^{(2)} outh_2^{(2)} + b_2 \tag{4-31}$$

$$w_{11}^{(2)} = \frac{\partial neto_1^{(3)}}{\partial outh_1^{(2)}} \tag{4-32}$$

$$neth_1^{(2)} = w_{11}^{(1)} x_1^{(1)} + w_{21}^{(1)} x_2^{(1)} + b_1 \tag{4-33}$$

$$x_1^{(1)} = \frac{\partial neth_1^{(2)}}{\partial w_{11}^{(1)}} \tag{4-34}$$

令 δ_{h1} 为隐层单元 h_1 的误差，则有：

$$\frac{\partial E}{\partial w_{11}^{(1)}} = \left(\sum_o \frac{\partial E}{\partial outo^{(3)}} \times \frac{\partial outo^{(3)}}{\partial neto^{(3)}} \times \frac{\partial neto^{(3)}}{\partial outh^{(2)}} \right) \times \frac{\partial outh^{(2)}}{\partial neth^{(2)}} \times \frac{\partial neth^{(2)}}{\partial w_{11}^{(1)}} \tag{4-35}$$

$$\frac{\partial E}{\partial w_{11}^{(1)}} = \delta_{h1} x_1^{(1)} \tag{4-36}$$

最后，更新 $w_{11}^{(1)}$ 的权值：

$$w_{11}^{(1)}=w_{11}^{(1)\prime}-\eta\,\frac{\partial E}{\partial w_{11}^{(1)}}=w_{11}^{(1)\prime}-\eta\delta_{h1}x_1^{(1)} \tag{4-37}$$

同理，可更新 w_2、w_3、w_4 的权值。这样不停地迭代，总误差逐步接近需要值。

（4）BP 神经网络学习算法

综合前述内容，采用 BP 神经网络学习算法训练 $L(L>1)$ 层神经网络的主要步骤如下。

① 初始化 BP 神经网络。

a. 输入数据。

b. 随机生成 $L-1$ 个权值矩阵 $\boldsymbol{W}^{(1)},\boldsymbol{W}^{(2)},\cdots,\boldsymbol{W}^{(L-1)}$，分别对应着 BP 神经网络（从左至右）的各个隐含层权值矩阵 [不包含最后一个权值矩阵 $\boldsymbol{W}^{(L)}$]。

② 依次执行下面各语句 n 次（由用户事先指定）。

a. 向前传播：对每个 $l=2,3,\cdots,L$，设每一层神经元的输出为 a，则 $a^{(l)}=\sigma[\boldsymbol{W}^{(l)}a^{(l-1)}+b^{(l)}]$。

b. 输出层误差 $\delta^{(L)}$。

c. 反向传播误差：对每个 $l=L-1,L-2,\cdots,2$，计算 $\delta^{(l)}=[\boldsymbol{W}^{(l+1)}\delta^{(l+1)}]\odot\delta^{(L)}$。其中 $\odot$ 为 Hadamard 积，即实现了从右向左各层的误差传播。

d. 更新参数（梯度下降），继续迭代。

4.3.3　BP 识别测试

通过传感器采样液压机数据，包括电磁阀开关信号以及液压压力信号形成了一个 22 维的特征向量，采用 72 个训练样本，1920 个测试样本，预测分类精度 83.07%，如图 4-11 所示。

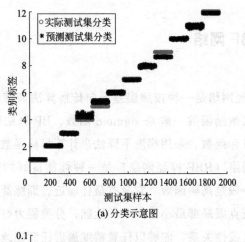

(a) 分类示意图

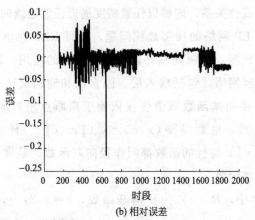

(b) 相对误差

图 4-11　BP 识别测试结果

由图 4-11 可以看出，BP 网络在训练样本较少的情况下，可以达到 80％以上的预测分类精度，同时，对于同一训练样本，训练次数越多，测试精度会提高，这是因为在训练的过程中，其权值越接近合理，但训练的耗时较长。BP 网络整体的预测精度较其他算法较差，但经过其他算法的优化后，还可以实现非常理想的结果，其算法也是非常典型的，因而被广泛应用到深度学习中。

4.4 RBF 网络

BP 神经网络是一种按照误差反向传播算法训练的多层前馈神经网络,其激励函数一般是 sigmoid 函数。BP 算法就是以网络误差平方为目标函数、采用梯度下降法来计算目标函数的最小值。径向基神经网络（RBF 神经网络）是一种性能良好的前向网络,其激励函数一般是高斯函数。它具有最佳逼近、训练简洁、学习收敛速度快以及克服局部最小值问题的性能,分类能力好,网络连接权值与输出呈线性关系,能够以任意精度逼近任意连续的函数,从根本上解决了 BP 网络的局部最优问题,使得 RBF 在函数逼近、模式识别以及预测、图像处理等领域得到广泛的应用。RBF 网络是三层前馈神经网络,包括输入层、隐含层和输出层,非线性转变在隐含层。径向基函数取值仅仅依赖于离原点距离的实值函数,设 c 为中心点,也就是 $\varPhi(x,c)=\varPhi(\|x-c\|)$。任意一个满足 $\varPhi(x)=\varPhi(\|x\|)$ 特性的函数都叫作径向基函数,最常用的径向基函数是高斯核函数。

图 4-12 中, $R_j(x)$ 为径向基函数, $j=1,2,\cdots,m$。网络的输入取为 $x=[x_1,x_2,\cdots,x_N]^{\mathrm{T}}$（$N$ 为输入层节点个数）,输出为 $y=[y_1,y_2,\cdots,y_M]^{\mathrm{T}}$（$M$ 为输出节点数）,隐含层的激励函数取为高斯（Gaussian）基函数,即

$$R_j(x_p)=\exp\left(-\frac{\|x_p-c_j\|^2}{2\sigma_j^2}\right),j=1,2,\cdots,h \tag{4-38}$$

式中,其中 x_p 为第 p 个输入样本; c_j 为第 j 个基函数的中心点,且 $c_j=[c_{j1},c_{j2},\cdots,c_{jn}]^{\mathrm{T}}$; σ_j 为函数的宽度参数,它决定该基函数围绕中心点的宽度,即径向作用范围; h 为隐含层的结点

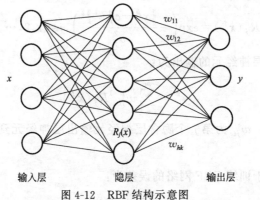

图 4-12　RBF 结构示意图

数。RBF 神经网络的学习问题，求解的参数有 3 个：基函数的中心、方差以及隐含层到输出层的权值。

（1）聚类选取中心学习方法

首先选取 h 个中心作 k-means 聚类，求解隐含层基函数的中心与方差，然后求解隐含层到输出层之间的权值。

（2）直接计算法

隐含层神经元的中心是随机地在输入样本中选取，且中心固定。一旦中心固定下来，隐含层神经元的输出便是已知的，这样的神经网络的连接权值就可以通过求解线性方程组来确定。该法适用于样本数据的分布，并具有明显代表性。

（3）有监督学习算法

通过训练样本集来获得满足监督要求的网络中心和其他权重参数，它会经历一个误差修正学习的过程，与 BP 网络的学习原理一样。

4.4.1　信号前向传播

（1）计算 RBF 网络的输出

设第 p 组输入数据为 $\boldsymbol{x}^p = [x_1^p, x_2^p, \cdots, x_N^p]^{\mathrm{T}}$，则隐含层神经元的输出为：

$$R_j(\boldsymbol{x}^p) = \exp\left(-\frac{\|\boldsymbol{x}^p - \boldsymbol{c}_j^{p-1}\|^2}{\sigma_j^2}\right), j=1,2,\cdots,h \qquad (4-39)$$

输出层神经元的输出为：

$$y^p = \sum_{j=1}^{m} w_{ji}^{p-1} R_j(\boldsymbol{x}^p) \qquad (4-40)$$

式中，w_{ji} 为第 j 个隐含层神经元输出层神经元到第 i 个输出的权值。

设用于训练 RBF 网络的误差为：

$$e^p = y^p - y_d^p \qquad (4-41)$$

式中，y^p 为第 p 组收入数据时系统实际输出；y_d^p 为学习时的标准训练输出。

取性能指标函数为：

$$E^p = \frac{1}{2}(e^p)^2 \qquad (4-42)$$

（2）误差反向传播

采用 δ 学习算法，调整 RBF 网络各层间的权值。根据梯度下降法，权值的学习算法如下。

① 隐含层至输出层的权值调整：

$$\delta^{(2)} = -\frac{\partial E^p}{\partial y^p} = -\frac{\partial E^p}{\partial e^p} \times \frac{\partial e^p}{\partial y^p} = -e^p \qquad (4-43)$$

$$-\frac{\partial E^p}{\partial w_{ji}^{p-1}} = -\frac{\partial E^p}{\partial y^p} \times \frac{\partial y^p}{\partial w_{ji}^{p-1}} = \delta^{(2)} R_j(\boldsymbol{x}^p) = -e^p R_j(\boldsymbol{x}^p) \quad (4-44)$$

则隐含层至输出层的权值 w_{ji}^p 的学习算法为：

$$w_{ji}^p = w_{ji}^{p-1} + \Delta w_{ji}^p + \alpha(w_{ji}^{p-1} - w_{ji}^{p-2})$$

$$\Delta w_{ji}(k) = -\eta \frac{\partial E^p}{\partial w_{ji}^{p-1}} = \eta e^p R_j(\boldsymbol{x}^p) \qquad (4-45)$$

式中，η 为学习速率（$\eta > 0$）；α 为动量项因子，$\alpha \in [0, 1)$。

② 隐含层高斯基函数参数 $\sigma_j(k)$ 和 $c_{ji}(k)$：

$$\delta_j^{(1)} = \frac{\partial E^p}{\partial R_j(\boldsymbol{x}^p)} = \frac{\partial E^p}{\partial y^p} \times \frac{\partial y^p}{\partial R_j(\boldsymbol{x}^p)} = \delta_j^{(2)} w_{ji}^{p-1} \tag{4-46}$$

$$\frac{\partial E^p}{\partial \sigma_j^{p-1}} = \frac{\partial E^p}{\partial R_j(\boldsymbol{x}^p)} \times \frac{\partial R_j(\boldsymbol{x}^p)}{\partial \sigma_j^{p-1}} = -e^p w_{ji}^{p-1} R_j(\boldsymbol{x}^p) \frac{\|\boldsymbol{x}^p - \boldsymbol{c}_j^{p-1}\|^2}{\sigma_j^{3(p-1)}} \tag{4-47}$$

$$\frac{\partial E^p}{\partial \boldsymbol{c}_{ji}^{p-1}} = \frac{\partial E^p}{\partial R_j(\boldsymbol{x}^p)} \times \frac{\partial R_j(\boldsymbol{x}^p)}{\partial \boldsymbol{c}_{ji}^{p-1}} = -e^p w_{ji}^{p-1} R_j(\boldsymbol{x}^p) \frac{\boldsymbol{x}^p - \boldsymbol{c}_{ji}^{p-1}}{\sigma_j^{2(p-1)}} \tag{4-48}$$

则 $\sigma_j(k)$、$c_{ji}(k)$ 的学习算法为：

$$\Delta \sigma_j^p = -\eta \frac{\partial E^p}{\partial \sigma_j^{p-1}} = \eta e^p w_{ji}^{p-1} R_j(\boldsymbol{x}^p) \frac{\|\boldsymbol{x}^p - \boldsymbol{c}_j^{p-1}\|^2}{\sigma_j^{3(p-1)}} \tag{4-49}$$

$$\sigma_j^p = \sigma_j^{p-1} + \Delta \sigma_j^p + \alpha(\sigma_j^{p-1} - \sigma_j^{p-2}) \tag{4-50}$$

$$\Delta \boldsymbol{c}_{ji}^p = -\eta \frac{\partial E^p}{\partial \boldsymbol{c}_{ji}^{p-1}} = \eta e^p w_{ji}^{p-1} R_j(\boldsymbol{x}^p) \frac{\boldsymbol{x}^p - \boldsymbol{c}_{ji}^{p-1}}{\sigma_j^{2(p-1)}} \tag{4-51}$$

$$\boldsymbol{c}_{ji}^p = \boldsymbol{c}_{ji}^{p-1} + \Delta \boldsymbol{c}_{ji}^p + \alpha(\boldsymbol{c}_{ji}^{p-1} - \boldsymbol{c}_{ji}^{p-2}) \tag{4-52}$$

4.4.2　液压机数据 RBF 分类

为测试 RBF 的预测效果，系统采用 22 维的训练数据进行训练，分别取不同的训练样本，对 1920 个数据测试，观察预测效果。设 δ 为仿真输出与实际标准值的差值，ACC 表示识别率，X 表示训练样本数，识别结果如图 4-13 所示。

由图 4-13 可以看出，RBF 的预测分类能力与训练样本有关，当训练样本足够大的时候，输出精度较高，另外，误差设置大小对分类精度有影响，但影响不明显。RBF 与 BP 网络相比较，其分类精度有明显的提高，同时，其训练与识别所用的时间较 BP 网络快很多，是一种优秀的预测分类算法。

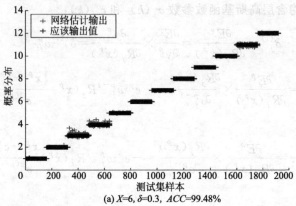

(a) X=6, δ=0.3, ACC=99.48%

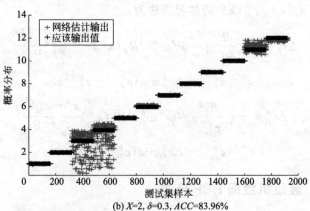

(b) X=2, δ=0.3, ACC=83.96%

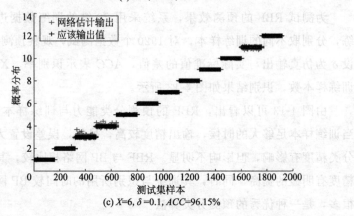

(c) X=6, δ=0.1, ACC=96.15%

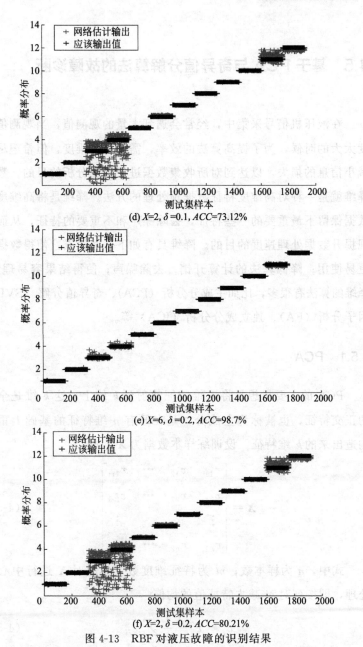

(d) $X=2$, $\delta=0.1$, $ACC=73.12\%$

(e) $X=6$, $\delta=0.2$, $ACC=98.7\%$

(f) $X=2$, $\delta=0.2$, $ACC=80.21\%$

图 4-13　RBF 对液压故障的识别结果

4.5 基于 PCA 与奇异值分解算法的故障诊断

在液压机信号采集中，经常会遇到大量的观测值，当观测值维度太大的时候，为了提高算法的效率，需要降低维度，但希望尽量减小信息的损失，以达到对所收集数据进行全面分析的目的。数据降维就是一种对高维度特征数据预处理的方法。降维是将高维度的数据保留下最重要的一些特征，去除噪声和不重要的特征，从而实现提升数据处理速度的目的。降维具有如下一些优点：使得数据集更易使用；降低算法的计算开销；去除噪声；使得结果容易理解。降维的算法有很多，比如主成分分析（PCA）、奇异值分解（SVD）、因子分析（FA）、独立成分分析（ICA）等。

4.5.1 PCA

PCA 的主要思想是将 n 维特征映射到 k 维上，这 k 维是全新的正交特征，也被称为主成分，是在原有 n 维特征的基础上重新构造出来的 k 维特征。设训练样本数据为 $\boldsymbol{X}$，则

$$\boldsymbol{X} = \begin{bmatrix} x_{11} & x_{12} & \cdots & x_{1m} \\ x_{21} & x_{22} & \cdots & x_{2m} \\ \vdots & \vdots & & \vdots \\ x_{n1} & x_{n2} & \cdots & x_{nm} \end{bmatrix} \qquad (4\text{-}53)$$

式中，n 为样本数；m 为特征维度数。然后对 $\boldsymbol{X}$ 进行中心化处理，即按列对 $\boldsymbol{X}$ 减去特征值的均值。

$$x_j = x'_j - \frac{1}{n}\sum_{i=1}^{n} x_{ij} \qquad (4\text{-}54)$$

设两个样本 $\boldsymbol{X}$、$\boldsymbol{Y}$，则其协方差公式

$$\mathrm{Cov}(\boldsymbol{X},\boldsymbol{Y})=E\{[\boldsymbol{X}-E(\boldsymbol{X})][\boldsymbol{Y}-E(\boldsymbol{Y})]\}$$

$$=\frac{1}{n-1}\sum_{i=1}^{n}(x_i-\overline{x})(y_i-\overline{y}) \tag{4-55}$$

样本 $\boldsymbol{X}$ 和样本 $\boldsymbol{Y}$ 的协方差越大，说明数据越分散。通常认为，数据的某个特征维度上数据越分散，该特征越重要。根据协方差公式，求出中心化后的 $\boldsymbol{X}$ 的协方差矩阵 $\boldsymbol{C}$。

$$\boldsymbol{C}_x=\frac{1}{n-1}\boldsymbol{X}\boldsymbol{X}^{\mathrm{T}}=\begin{vmatrix} \sigma^2_{x_1x_2} & \cdots & \sigma^2_{x_1x_m} \\ \vdots & & \vdots \\ \sigma^2_{x_mx_1} & \cdots & \sigma^2_{x_mx_m} \end{vmatrix} \tag{4-56}$$

当协方差为 0 时，表示两个字段线性不相关。令 $\boldsymbol{P}$ 为一组正交基组成的矩阵，并使得 $\boldsymbol{Y}=\boldsymbol{P}\boldsymbol{X}$，并确保 $\boldsymbol{Y}$ 的协方差矩阵是对角阵，则 $\boldsymbol{P}$ 的行向量就是数据 $\boldsymbol{X}$ 的主元向量。

$$\boldsymbol{C}_Y=\frac{1}{n-1}\boldsymbol{Y}\boldsymbol{Y}^{\mathrm{T}}=\frac{1}{n-1}(\boldsymbol{P}\boldsymbol{X})(\boldsymbol{P}\boldsymbol{X})^{\mathrm{T}}=\frac{1}{n-1}\boldsymbol{P}\boldsymbol{X}\boldsymbol{X}^{\mathrm{T}}\boldsymbol{P}^{\mathrm{T}}$$

$$=\frac{1}{n-1}\boldsymbol{P}(\boldsymbol{X}\boldsymbol{X}^{\mathrm{T}})\boldsymbol{P}^{\mathrm{T}}=\boldsymbol{P}\boldsymbol{C}_X\boldsymbol{P}^{\mathrm{T}} \tag{4-57}$$

矩阵 $\boldsymbol{X}$ 的协方差矩阵 $\boldsymbol{C}$ 是一个实对称矩阵，其不同特征值对应的特征向量必然正交，一个实对称矩阵一定可以找到 n 个单位正交的特征向量。对 $\boldsymbol{C}$ 进行求取特征向量得

$$\boldsymbol{C}_X=\boldsymbol{E}\boldsymbol{\Sigma}\boldsymbol{E}^{\mathrm{T}} \tag{4-58}$$

式中，$\boldsymbol{\Sigma}$ 为一个对角矩阵，对角线上的元素就是特征值；$\boldsymbol{E}$ 为 $\boldsymbol{C}$ 的特征向量组成的矩阵。

令 $\boldsymbol{P}=\boldsymbol{E}^{\mathrm{T}}$，则

$$\boldsymbol{C}_X=\boldsymbol{P}^{\mathrm{T}}\boldsymbol{\Sigma}\boldsymbol{P} \tag{4-59}$$

式中，$\boldsymbol{P}$ 为协方差矩阵特征向量单位化后按行排列出的矩阵，

每一行都是 C 的一个特征向量，如果将 P 的特征值按照从大到小，特征向量从上到下排列，则 P 的前 k 行组成的矩阵乘以 X，就是降维后的矩阵 Y。

$$Y = PX \tag{4-60}$$

对 C 进行特征分解，求得特征值 $\lambda_1, \lambda_2, \cdots, \lambda_m (\lambda_1 > \lambda_2 > \cdots > \lambda_m)$ 及其对应的特征向量 $p_1, p_2, \cdots, p_m$；确定主元个数为 k，就得到了 k 个特征值 $\lambda_1, \lambda_2, \cdots, \lambda_k (\lambda_1 > \lambda_2 > \cdots > \lambda_k)$，及其对应的特征向量 $p_1, p_2, \cdots, p_k$。

前 k 个主元的累积方差贡献率为：$\dfrac{\sum\limits_{i=1}^{k} \lambda_i}{\sum\limits_{i=1}^{m} \lambda_i}$，当前 k 个主元的累积方差贡献率达到 85%，则主元个数取 k 值。

PCA 的流程是，计算出原始矩阵的协方差阵，然后求出协方差阵的特征值和特征向量，选取最大特征值数对应的特征向量矩阵，然后乘以中心化后的数据即可。采用 1920 个数据，把 22 维的数据降低到 20 维后，用 RBF 进行测试，识别率基本相同，说明降维后没有影响识别率，减小了计算量。图 4-14 是采用了相关训练数据，其误差为 0.3，将降维前与将降维后的数据分别用 RBF 进行识别，发现前后识别率相同，这说明 PCA 在维度优化方面是有效的。

4.5.2 SVD

如果一个矩阵 A 是 m 行 m 列的矩阵，可以写成

$$A = Q \Sigma Q^{\mathrm{T}} \tag{4-61}$$

式中，Q 为标准正交矩阵，即具有 $QQ^{\mathrm{T}} = I$，是矩阵 A 的特征

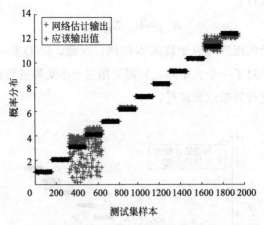

图 4-14　降维前后训练数据运用 RBF 识别的识别率

向量组成的矩阵；$\boldsymbol{\Sigma}$ 为特征值构成的对角阵，其对角线上的值就是一个特征值，特征值和特征向量可以还原出矩阵 $\boldsymbol{A}$，但特征值分解必须要在方阵中进行。对于任意矩阵，需要采用奇异值分解，进而提取其特征的方法，对于任意矩阵 $\boldsymbol{A}$，可以按照下面方程进行分解。

$$\boldsymbol{A} = \boldsymbol{U}\boldsymbol{\Sigma}\boldsymbol{V}^{\mathrm{T}} \tag{4-62}$$

式中，$\boldsymbol{U}$ 为左奇异特征向量；$\boldsymbol{V}$ 为右奇异向量，$\boldsymbol{U}$ 和 $\boldsymbol{V}$ 均为单位正交矩阵；$\boldsymbol{\Sigma}$ 为奇异值矩阵，除奇异值矩阵的对角线元素不是零之外，其他位置的值都是零，对角值是按照从大到小的顺序排列，这些值就是原始矩阵的奇异值，表征着其特征值。同样 $\boldsymbol{U}\boldsymbol{\Sigma}\boldsymbol{V}$ 可以还原矩阵 $\boldsymbol{A}$。若矩阵 $\boldsymbol{A}$ 是 m 行 n 列，那么 $\boldsymbol{U}$ 为 m 行 m 列，$\boldsymbol{V}$ 为 n 行 n 列，$\boldsymbol{\Sigma}$ 的行列数与原矩阵 $\boldsymbol{A}$ 相同。因为 $\boldsymbol{\Sigma}$ 矩阵对角线上的值，从大到小进行了排列，其后面的值大多数是零，所以在使用的时候，可保留前面较大的值，舍弃后面较小的值，即把不重要的特征值进行来舍弃。设 $\boldsymbol{\Sigma}$ 只保留了前面 k 个特征值，则合成原矩阵就按照下式进行：

$$A_{mn} = U_{mk} \Sigma_{kk} V_{kn}^{\mathrm{T}} \tag{4-63}$$

还原后的矩阵与原矩阵基本相同，因此，SVD 是一种常用的降维工具，对于一个大矩阵，只需要用三个小矩阵进行保存，使用的时候，进行简单运算即可。

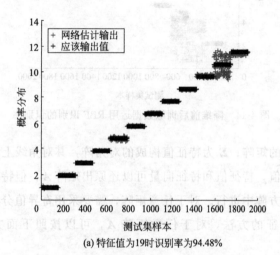

(a) 特征值为19时识别率为94.48%

(b) 特征值为18时识别率为93.39%

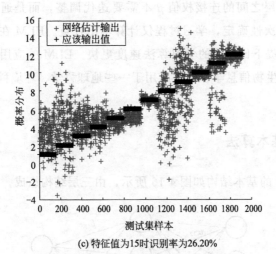

(c) 特征值为15时识别率为26.20%

图 4-15　采用 SVD 分解降维后的识别率

由图 4-15 可以看出，SVD 分解降维的方法与 PCA 相似，可以实现观测维度的降低。同时发现，特征值维度大小对识别率影响较大，并且随着维度的降低识别率降低，当特征值取 18 时，识别率为 93.39%；当特征值取 15 时，识别率只有 26.20%，识别率急剧下降。所以在特征维度的选择上，要尽量减小信息的损失，既要降低维度，又要确保识别率。

4.6　极限学习机

极限学习机（Extreme Learning Machine，简称 ELM）是一类基于前馈神经网络（Feedforward Neuron Network，FNN）构建的机器学习方法。ELM 是基于提出输入层和隐含层的连接权值、隐含层的阈值可以随机设定，且设定完后不用再调整。隐含层和输出层之间的连接权值 β 不需要迭代调整，而是通过解方程组方式一次性确定，学习过程仅计算输出权重。ELM 在保证学习精度的前提下比传统的学习算法速度更快。ELM 的应用包括计算机视觉和生物信息学，也被应用于一些地球科学、环境科学中的回归问题。

4.6.1　基本算法

ELM 的基本结构如图 4-16 所示，由三层结构组成。

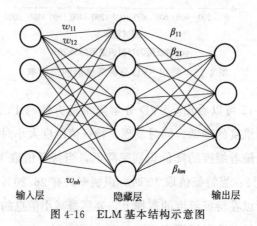

图 4-16　ELM 基本结构示意图

设某个单层神经网络第 p 个特征向量的输入为 $\boldsymbol{X}^p = [x_1, x_2, \cdots, x_n]^T$，$n$ 为特征向量的个数，也是输入节点数，设隐层的节点数为 L 个，则隐藏层的输出函数为：

$$f_h = \sum_{i=1}^{h} \boldsymbol{\beta}_i G_i (\boldsymbol{W}_i \boldsymbol{X}^p + \boldsymbol{b}_i) \tag{4-64}$$

式中，$\boldsymbol{W} = \begin{bmatrix} w_{11} & \cdots & w_{1n} \\ \vdots & & \vdots \\ w_{h1} & \cdots & w_{hN} \end{bmatrix}_{h \times N}$；$\boldsymbol{\beta} = \begin{bmatrix} \beta_{11} & \cdots & \beta_{1n} \\ \vdots & & \vdots \\ \beta_{h1} & \cdots & \beta_{hM} \end{bmatrix}_{h \times M}$；

$$\boldsymbol{b} = \begin{bmatrix} b_1 \\ \vdots \\ b_h \end{bmatrix}_{h \times 1} \quad \text{。}$$

其中 w_{ji} 为第 i 个节点与隐藏层的第 j 个神经元的连接权重；β_{jm} 表示隐藏层第 j 个神经元与输出层第 m 个神经元的连接权值；b_i 为第 i 个节点神经元的偏置。G_i 为激活函数，常见的激活函数有三角函数、高斯函数、径向基函数、sigmoid 函数等。设 $\boldsymbol{T}$ 为训练目标，$\boldsymbol{H}$ 为隐含层输出矩阵，则有：

$$\boldsymbol{H} = \begin{bmatrix} G_1(\boldsymbol{W}_1 \boldsymbol{X}^1 + \boldsymbol{b}_1) & \cdots & G_N(\boldsymbol{W}_h \boldsymbol{X}^1 + \boldsymbol{b}_h) \\ \vdots & & \vdots \\ G_1(\boldsymbol{W}_1 \boldsymbol{X}^N + \boldsymbol{b}_1) & \cdots & G_N(\boldsymbol{W}_h \boldsymbol{X}^N + \boldsymbol{b}_h) \end{bmatrix}_{N \times h} \quad (4\text{-}65)$$

$$\boldsymbol{T} = \begin{bmatrix} T_1^T \\ \vdots \\ T_M^T \end{bmatrix}_{M \times h} \quad (4\text{-}66)$$

其中 M 为输入节点数，N 为隐层节点数。可以写成：

$\boldsymbol{H\beta} = \boldsymbol{T}$，则误差函数可以是：$\min_{\boldsymbol{\beta}} \| \boldsymbol{H\beta} - \boldsymbol{T} \|$，因为 $\boldsymbol{H}$ 可逆，所以有：

$$\boldsymbol{\beta} = \boldsymbol{H}^+ \boldsymbol{T} \quad (4\text{-}67)$$

$\boldsymbol{H}^+$ 是矩阵 $\boldsymbol{H}$ 的广义逆矩阵，还可以采用奇异值分解（SVD）方法计算权重系数：

$$\boldsymbol{H\beta} = \sum_{i=1}^{N} \boldsymbol{u}_i \frac{d_i^2}{d_i^2 + C} \boldsymbol{u}_i^T \boldsymbol{X} \quad (4\text{-}68)$$

式中，$\boldsymbol{u}_i$ 是 $\boldsymbol{HH}^T$ 的特征向量；d_i 为特征值；C 为正则化系数。

4.6.2 测试

采用液压机的故障数据，训练样本分别采用了 6 个和 20 个，故障类型为 12 类，共有 1920 个测试数据，每个数据是 22 维，其结果如图 4-17 所示。

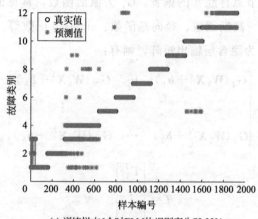

(a) 训练样本6个时ELM的识别率为73.33%

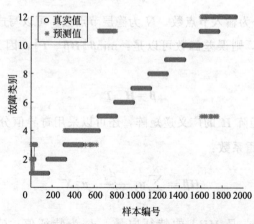

(b) 训练样本20个时ELM的识别率为82.22%

图 4-17　不同训练样本下的 ELM 识别率

由图 4-17 可以看出，增大训练样本会明显提高识别率，但总体识别率比较低，但是运算速度比 BP 等算法快很多。所以对 ELM 算法进行优化后，可以应用到液压故障的诊断上。

4.7　专家系统

专家系统是可以通过推理机构，借助知识库的知识进行推理的计算机程序，专家系统可以融入专家的经验，是对经验的建模，是通过知识表示和知识推理技术来模拟通常由专家才能解决的复杂问题，进而达到具有与专家同等解决问题能力的水平。这种基于知识的系统设计方法是以知识库和推理机为中心展开的。

4.7.1　专家系统发展

专家系统（Expert System）是对传统人工智能问题的一种解决方法，它是一种模拟人类专家解决领域问题的一组程序，借助领域专家的知识和经验，来解决该领域的复杂问题。诊断专家系统利用某领域诊断专家的经验知识，经过模拟诊断专家的推理过程，解决设备故障诊断问题，到目前，专家系统已经得到飞速的发展，并得到了广泛的应用。

1965 年斯坦福大学费根鲍姆（E. A. Feigenbaum）和化学家勒德贝格（J. Lederberg）合作研制 DENDRAL 系统，使得人工智能的研究以推理算法为主转变为以知识为主。20 世纪 70 年代，专家系统的观点逐渐被人们接受，许多专家系统相继研发成功，其中较具代表性的有医药专家系统 MYCIN、探矿专家系统 PROSPECTOR 等。20 世纪 80 年代，专家系统的开发趋于商品化，创造了巨大的经济效益。1977 年美国斯坦福大学计算机科学家费根鲍姆（E. A. Feigenballm）在第五届国际人工智能联合会议上提出知识工程的概念。他认为，"知识工程是人工智能的原理和方法，是对那些需要专家知识才能解决的应用难题提供求解的手段。恰当运用专家知识的获取、表达和推理过程的构成与解释，是设计基于知识的系统的重要技术问题。"知识工程是一门以知识为研究对象的学科，它将具体智能系统研究中那些共同的基本问题作为知识工程的核心内容，使之成为指导各类智能系统的一般方法和基本工具，成为一门具有方法论意义的科学。20世纪80年代以来，在知识工程的推动下，涌现出了不少专家系统开发工具，例如 EMYCIN、CLIPS（OPS5，OPS83）、G2、KEE、OKPS 等。

4.7.2 专家系统特征

专家系统等于知识库和推理机，它把知识从系统中与其他部分分离开来。专家系统强调的是知识而不是方法。一般说来，一个专家系统应该具备以下三个要素：

① 具备某个应用领域的专家级知识；

② 能模拟专家的思维；

③ 能达到专家级的解题水平。

建造一个专家系统的过程可以包括下面几个方面：

① 从专家那里获取系统所用的知识（即知识获取）；

② 选择合适的知识表示形式（即知识表示）；

③ 进行软件设计；

④ 以合适的计算机编程语言实现。

专家系统特别适合信息不完整的情况，它不需要精确的算法。专家系统一般找不到最优解，但可以找到一个合适的解。

4.7.3　专家系统结构

专家系统通常由人机交互界面、知识库、推理机、解释器、综合数据库、知识获取等 6 个部分构成。知识库由初始事实、初始对象实例和规则库组成，知识库是问题求解所需要的领域知识的集合。知识的表示形式可以是多种多样的，包括框架、规则、语义网络等。知识库中的知识源于领域专家，是决定专家系统能力的关键，即知识库中知识的质量和数量决定着专家系统的质量水平。知识库是专家系统的核心组成部分。一般来说，专家系统中的知识库与专家系统程序是相互独立的，用户可以通过改变、完善知识库中的知识内容来提高专家系统的性能。知识库是专家系统的灵魂，是专家系统"专家性"的集中体现，知识库一般包括事实库和规则库，事实主要是指初始事实、初始对象实例，事实是客观存在的相对静态的知识，事实要按照一定的格式表达，以便让专家系统识别。

推理机是实施问题求解的核心执行机构，它实际上是对知识进行解释的程序，根据知识的语义，对按一定策略找到的知识进行解释执行。推理机的程序与知识库的具体内容无关，即推理机和知识库是分离的，这是专家系统的重要特征。它的优点是对知识库的修改无需改动推理机，但是纯粹的形式推理会降低问题求解的效率。将推理机和知识库相结合也不失为一种可选方法。知识库和推理机是专家系统的核心部分。推理机主要是对知识库的规则进行模板匹配，同时对推理执行顺序进行控制，主要是指事实集和对象实例集行动的执行顺序控制。推理策略对推理机运行效率产生重要影响，不同的专家系统的推理策略有所不同。

知识获取负责建立、修改和扩充知识库，是专家系统中把问题求解的各种专门知识从人类专家的头脑中或其他知识源那里转换到知识库中的一个重要机构。知识获取可以是手工的，也可以采用半自动知识获取方法或自动知识获取方法。

人机界面是系统与用户进行交流时的界面。通过该界面，用户输入基本信息、回答系统提出的相关问题，系统输出推理结果及相关的解释也是通过人机交互界面。

综合数据库也称为动态库或工作存储器，是反映当前问题求解状态的集合，用于存放系统运行过程中所产生的所有信息以及所需要的原始数据，包括用户输入的信息、推理的中间结果、推理过程的记录等。综合数据库中由各种事实、命题和关系组成的状态，既是推理机选用知识的依据，也是解释机制获得推理路径的来源。

解释器用于对求解过程做出说明，并回答用户的提问，其中两个最基本的问题是"why"和"how"。解释机制涉及程序的透明性，它让用户理解程序正在做什么和为什么这样做，向用户提供了关于系统的一个认识窗口。在很多情况下，解释机制是非常重要的。为了回答"为什么"得到某个结论的询问，系统通常需要反向跟踪动态库中保存的推理路径，并把它翻译成用户能接受的自然语言表达方式。

在专家系统中，设置了知识查询模块，主要是针对维修人员对液压机的相关知识进行查询，因为涉及的知识非常多，在专家系统中将这些知识进行集中管理，便于用户的查找，这是对专家系统的有益补充。

知识更新主要是针对知识库的，故障诊断的经验以及技术本身的变化，都需要对知识库进行更新，其操作其实就是按照知识库的要求，把新的知识按照知识库的存储格式进行更新，对于已经旧了的知识要通过更新消除。另外，对于维修人员，经过多次的维修，积累了非常丰富的知识，把这些知识放到知识库中，对以后的维修带来更大的方便。

事实获取模块，主要是通过一个在线监测电路，对特征参数进行检测，并实时传送到知识库的模块。在线诊断技术是近年来发展迅速的诊断技术，应用极其广泛。

故障分类模块的主要作用是对故障进行分类和定位，良好的故障分类器可以把故障定位到一个很小的范围。这个范围可以供维修人员使用，还可以送入到知识库，供专家系统进行推理，故障分类模块的故障征兆信息的获取是通过安装在设备上的检测电路，提炼出故障征兆，形成事实送入知识库中的同时，还可以把这些故障征兆送到故障分类模块进行分类。故障分类模块的算法可以采取较复杂的分类算法，如基于主元分析法、神经网络算法等，经过一定算法的故障分类有力地提升了专家系统故障诊断的成功率。

故障诊断专家系统中，不仅仅是基于专家系统，还是以专家系统为核心，整合了其他智能故障诊断方法，这也是液压机智能化故障诊断的发展方向。

4.7.4　专家系统的分类算法

（1）模型建立与构建知识库

用专家系统可以设计分类器，进而实现优秀的分类效果。与其他分类算法不同，特征向量维数对专家系统的分类的影响较小，同时，特征向量的每个特征的顺序关系对分类结果有影响。专家分类系统首先需要构建液压机特征向量的事实模型，事实模型能够完全表征液压故障的特征，并且便于推理机推理。据此定义液压机的故障知识模型，如式(4-69)所示：

$$\text{IF} \quad \{FN_i, SDi, \{F_{ij}, V[M]_{ij}, E_{ij}, w_{ij}, CF_{ij}, FD_{ij}\}(+,-,*,\backslash), TH_i\}$$

$$\text{THEN} \quad \{(Fault_i, SDi)\, i=1,2,3,\cdots,n; j=1,2,3,\cdots,m\} \tag{4-69}$$

式中，n 为故障的数量；m 为某故障的特征数；FN_i 为第 i 个故障的名称；SDi 为故障的描述；F_{ij} 表示第 i 个故障的第 j 个特征名称；$V[M]_{ij}$ 表示第 i 个故障的第 j 个特征的特征值，该特征值可能有多个，因此采用了数组的数据结构；E_{ij} 为运行误差，是实际采样值与知识库值的偏离程度；w_{ij} 为权值，且有 $w_{1j} + w_{2j} + \cdots + w_{nj} = 1$，表示某个特征的重要程度，其大小通过学习改变，一些对故障识别支持程度高的特征的权值，通过学习而加强，支持低的通过学习会减弱；CF_i 为 F_{ij} 特征的客观可信度，表示某个特征客观存在的特征，是由领域专家确定；FD_{ij} 为特征的文字描述，便于知识库的维护；TH_i 为阈值。

学习是构建知识的过程，当采集到数据后，专家系统根据特征向量特征形成一个事实存入到知识库。学习完成后，知识库中便建立了该故障的"事实"。专家系统的学习过程是建立事实的过程，因此不需要大量的学习训练样本，一般一个故障需要一个样本即可。学习完成后，知识库中便会有该故障的特征值、相似度、权重、可信度等。相似度系统会给出一个默认值，也可以修改。可信度是专家给出的值，如果没有，采用默认值，这并不影响分类结果。对于权值，如果有多个样本学习，则权值调整算法如下。

学习过程是调整权重 w 的值，进而提高识别能力。基本思路是对同一故障，通过学习，增大相似度高的特征权重值，以提高该特征的竞争力。设任意一个的学习样本 P，其相似度为：$\lambda^P = \{\lambda_1^P, \lambda_2^P, \cdots, \lambda_m^P\}$，学习阈值为 TH^P，各特征的权值为 $w = \{w_1, w_2, \cdots, w_m\}$，设评价函数为式(4-70)。

$$E = \frac{1}{2} \sum_{P=1}^{m} (\xi \times TH^P - y^P)^2 \tag{4-70}$$

式中，ξ 为学习系数，这里取 0.96；y^P 为实际输出。学习的过程是不断调整权值的过程，这里采用梯度法，即 $w = w + \Delta w$，最终使得 $\Delta E = 0$，所以，Δw 可以表示为式(4-71)：

$$\Delta w = \eta \frac{\partial E}{\partial w_i} \lambda \tag{4-71}$$

式中，η 为学习步长；λ 为相似度，即相似度大的特征被分配了较大的权重。

$$\frac{\partial E}{\partial w_i} = \sum_{P=1}^{m} \frac{\partial E}{\partial y^P} \times \frac{\partial y^P}{\partial u^P} \times \frac{\partial u^P}{\partial w_i}$$

$$= \eta \sum_{P=1}^{m} (\xi \times TH^P - y^P) f'(u^P) u^P \tag{4-72}$$

$$u^P = \sum_{i=1}^{m} w_i \lambda_i^P \tag{4-73}$$

设输出函数为线性输出函数，则 $f'(u_i^P) = 1$。因此，权值调整函数如式(4-74)所示。收敛情况如图4-18所示。

$$w_i(n+1) = w_i(n) + \eta \sum_{P=1}^{m} (\xi \times TH^P - y^P) u^P \lambda \tag{4-74}$$

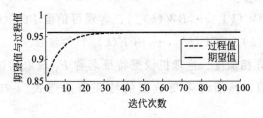

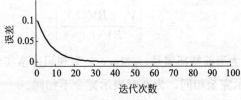

图4-18 权值收敛示意图（$\eta = 0.02$，$\xi = 0.96$，$TH = 1$）

由图 4-18 可以看出，随着调整进行，期望值与过程值逐步相同，说明权值调整基本达到预想要求。

(2) 分类算法实施步骤

构建完成知识模型后，就需要设计推理机，推理机是专家系统的关键，其主要任务是根据给定的"事实"，不断地搜索知识库，并根据匹配算法进行不断的匹配，当搜索所有的知识库之后，匹配算法便会计算出匹配结果，并在专家系统的人机界面上显示出来。推理机的决策过程如下：

① 知识库构建。对于新的故障，只需要对故障样本学习一次，便将其以知识"事实"的形式存储到知识库中。

② 当通过学习完成知识库后，如果采集了新的特征向量，特征名称为 $F_i = \{F_1, F_2, F_3, \cdots, F_m\}$（$m$ 是特征的数量，下同），特征值为 $V_i = \{V_1, V_2, V_3, \cdots, V_m\}$。专家系统首先会启动推理机，同时打开知识库。

③ 推理机按照搜索策略搜索知识库，这里假设搜索到知识库中的第 k 条事实，推理机便获取了该事实的特征值 $BV(k) = \{BV(k)_1, BV(k)_2, BV(k)_3, \cdots, BV(k)_m\}$、权重 $BW(k) = \{BW(k)_1, BW(k)_2, BW(k)_3, \cdots, BW(k)_m\}$、客观可信度 $BCF(k) = \{BCF(k)_1, BCF(k)_2, BCF(k)_3, \cdots, BCF(k)_m\}$ 等参数。

④ 计算相似度。推理机根据特征名称 F_i 获取知识库中某个特征的数值，然后与采集数据的特征值按照式（4-75）计算相似度：

$$\lambda_i = 1 - \left| \frac{V_i - BV(k)_i}{BV(k)_i} \right| \tag{4-75}$$

式中，i 为当前特征编号，$i < m$；k 为知识库事实编号，$k < n$。λ_i 为 1 时表示完全相同，为 0 时表示完全不相同。

⑤ 相似度排异。当 λ_i 大于知识库相似度 E 的时候，说明该特

征极有可能不是该故障的特征，令 $\lambda_i = 0$ 进行排异。

⑥ 计算第 k 条事实的可信度距离，公式如式（4-76）所示。

$$CFD(k) = \sum_{i=1}^{m} \left[w(k)_i BCF(k)_i \lambda(k)_i \right] \qquad (4-76)$$

⑦ 候选结果遴选。按照⑤方法，推理机将知识库中所有事实与采集特征进行匹配，并得到每条事实匹配后的可信度距离为 $CFD(k)$（其中 $k = 1, 2, \cdots, m$），然后对其从大到小排序，如式（4-77）所示，并取前面 h 个构成待选项。

$$CFD(k) = \{ CFD_i \geqslant CFD_j, i < j \} \qquad (4-77)$$

⑧ 计算每个特征相似度的最大值。按照④计算出知识库中所有事实的相似度，如式（4-78）所示。

$$\boldsymbol{\lambda}_{nm} = \begin{bmatrix} \lambda_{F11} & \lambda_{F12} & \cdots & \lambda_{F1m} \\ \lambda_{F21} & \lambda_{F22} & \cdots & \lambda_{F2m} \\ \vdots & \vdots & & \vdots \\ \lambda_{Fn1} & \lambda_{Fn2} & \cdots & \lambda_{Fnm} \end{bmatrix} \qquad (4-78)$$

在式（4-78）中，每一个行代表某个故障的所有特征的相似度，因此，行号代表故障编号，列代表所有故障的某个特征，这里对某列中最大相似度进行标记，举例如式（4-79）所示。

$$\boldsymbol{\lambda}_{nm} = \begin{bmatrix} \lambda_{11} & \lambda_{12} & \cdots & \boxed{\lambda_{1m}} \\ \boxed{\lambda_{21}} & \boxed{\lambda_{22}} & \cdots & \lambda_{2m} \\ \vdots & \vdots & & \vdots \\ \lambda_{n1} & \lambda_{n2} & \cdots & \boxed{\lambda_{nm}} \end{bmatrix} \qquad (4-79)$$

最后记录下标记最多的行号，即故障的编号，同时，如果该故障的编号出现在⑥中的待选项里，则识别成功，其编号就是识别结果。如果没有出现，则按式(4-80)确定。

$$\sum_{i=1}^{m}\left[w(k)_i BCF(k)_i \lambda(k)_i\right] \tag{4-80}$$

式(4-80)说明可信度距离最大的故障编号 k 就是识别的结果，即识别成功的故障的总可信度在整个样本空间中最大。

(3) 液压机数据测试

专家系统的分类算法非常灵活，可以设计多种形式，现按照上面介绍的算法，采集液压机 1920 个测试数据，每个样本数据的观测变量为 22 个，共采集 12 类故障数据，每一类故障数据中，抽取一个样本构建知识库的"事实"，然后用专家系统进行测试，在相似度采用 0.5 时，识别率达到了 95.63%，如图 4-19 所示。

由图 4-19 可以看出，采用专家系统分类时，大部分分类正确，即图中浅色显示部分，错误分类发生在几个故障类中，见图中深色部分。

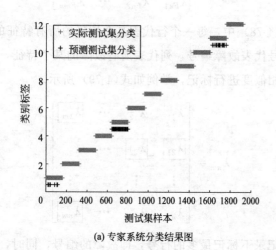

(a) 专家系统分类结果图

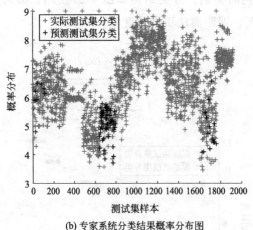

(b) 专家系统分类结果概率分布图

图 4-19　专家系统分类结果图及概率分布图

　　另外，可以利用专家系统强大的推理功能，可以设计故障诊断的推理系统，可以方便地实现液压机故障的诊断，推理系统更加接近专家的思想，推理结果更加可信，但推理系统容易出现规则爆炸问题，甚至同一条件下的容易出现相悖的结论，这就需要调整推理策略。但从发展趋势讲，专家系统是人工智能的重要方向，是故障诊断的有力工具。

4.7.5　采用夹角余弦法的距离分类算法

　　采用距离进行分类是常用的方法，其实质是计算知识库"事实"向量与采集特征向量之间的距离，将距离相近的归纳到一个类中。距离计算方法非常多，如欧式距离、明氏距离、余弦距离等，现采用 Cosine 相似度函数，如式（4-81）所示。余弦值越接近 1，就表明夹角越接近 0 度，也就是两个向量越相似，夹角等于 0，即两个向量相等。也就是求解采集的特征向量与知识库里的事实的相似度，进而判断类别。分类结构如图 4-20 所示，分析知识别率达到了 92.76%，即距离法识别速度较快。

$$\cos\theta = \frac{\sum_{i=1}^{n}(x_i y_i)}{\sqrt{\sum_{i=1}^{N} x_i^2}\sqrt{\sum_{i=1}^{N} y_i^2}} \tag{4-81}$$

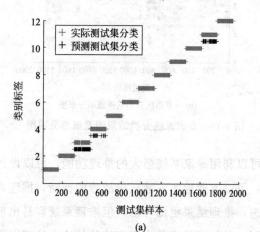

(a)

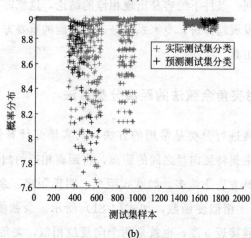

(b)

图 4-20　余弦距离法识别率

4.8　基于图显专家系统(GES)的液压机故障诊断设计

贴面液压机广泛应用在人造板的生产中，是一种使用非常广泛的液压装置，其工作性能直接决定着产品质量，所以对液压机的维修与故障诊断有着非常重要的意义。对于液压机故障诊断，采用智能化诊断技术可以减少液压故障的诊断时间，如基于 EMD 包络谱分析的方法、采用 petri 网实现液压马达故障的诊断、基于故障树的专家系统推理机等。

因液压机液压故障复杂、类型多，存在较多的不确定性经验知识，知识库的规则不能完全表达和预先构建，限制了一些诊断方法的应用。采用图形显示的专家系统，可以直观地观测到故障推理的过程，直观地找到故障点。液压机故障的诊断模型，实质是一个不确定性的评估建模范畴，在不确定性建模研究领域，常见的包括马尔科夫网络、贝叶斯网（Bayesian Networks，BNs）、推理树、随机森林以及 Zhang 等创立的动态不确定因果图（Dynamic Uncertain Causality Graph，DUCG）等。许多概率图模型的基本思想是利用条件独立性假设对联合概率分布进行因式分解，从而简化建模形式和推理计算过程。作为其中最典型的代表，BNs 在有向无环图模型上以条件概率表（Conditional Probability Table，CPT）来量化变量间依赖关系的不确定性，具有较为坚实的理论基础并获得了广泛应用。但 BNs 的 CPT 所需参数数目与父节点及各节点状态数目之间呈指数级数量关系，这使得大型应用数据量激增。

专家系统进行图形化，增加可视化效果，其实质是专家系统通过一个图形显示推理过程，可以直观地看到故障产生的轨迹，同时也利用了专家系统强大的推理能力，二者相结合，可以很好地实现液压机故障诊断。

4.8.1 GES 基本原理

为了说明 GES 的基本原理，现以图 4-21 为例，该图是短周期贴面液压机的原理图，现把图中的阀元件进行编号，以 F 开头表示，对涉及的管路液压压力进行编号，以 P 开头表示。

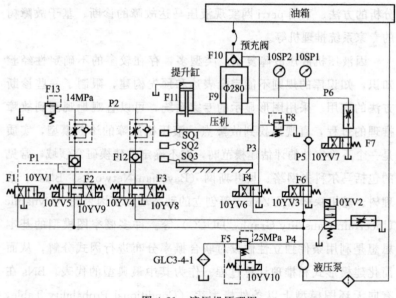

图 4-21　液压机原理图

GES 是基于不确定的推理方法，由图显部分和专家推理部分组成，其中图显部分由节点和有向弧组成，如图 4-22。

图 4-22 中，共分了三栏，第一栏是故障源栏，一般由液压元件组成，如液压阀、电磁阀、行程开关等，表示的是液压机中采用的溢流阀、换向阀、调速阀等液压阀，电磁阀线圈，限位开关等实

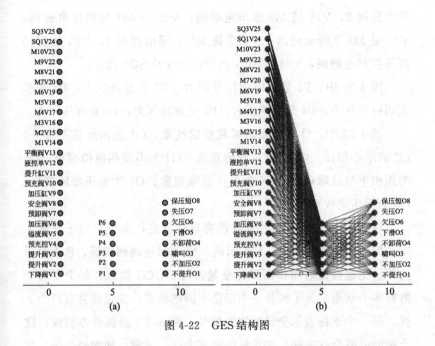

图 4-22　GES 结构图

体元件，这些是引起故障的原因。第二栏是观测变量栏，表示可以观测到的信号，如压力、流量、温度等可以观测的变量，故障的产生一定会影响这些变量的变化，通过这些变量的变化，可观测故障发生的变化。第三栏是现象栏，是指可观察到的现象，如压机不加压、不提升等故障状态现象。按照图 4-21 的原理图，具体定义如下：

V1 是下降控制阀 F1，V2 是提升控制阀 F2，V3 是提升控制阀 F3，V4 是预充控制阀 F4，V5 是溢流阀 F5，V6 是加压控制阀 F6，V7 为预泄阀 F7，V8 是安全阀 F8，V9 是加压缸 F9，V10 是预充阀 F10，V11 是提升缸 F11，V12 是液控单向阀 F12，V13 是平衡阀 F13，V14 是 M1 下降电磁阀，V15 是 M2 卸荷电磁阀，V16 是 M3 加压电磁阀，V17 是 M4 提升电磁阀 1，V18 是 M5 提升电磁阀 2，V19 是 M6 泄压电磁阀，V20 是 M7 预泄压电磁阀，V21 是 M8 下降电磁阀 1，V22 是 M9 下降电磁阀 2，V23 是 M10 高压控制电磁阀，V24 是 SQ1 高位，V25 是 SQ3 低位。

图 4-21 中，P1 是单向阀打开压力，P2 是提升压力，P3 是预充阀打开压力，P4 是系统压力，P5 是加压压力，P6 是保压压力。

图 4-22 中，O 表示输出可观察的现象，O1 表示压机不提升，O2 表示不加压，O3 为啸叫故障现象，O4 为不卸荷故障现象，O5 为压机下滑故障现象，O6 为欠压故障现象，O7 为失压故障现象，O8 为保压短故障现象。

在 GES 中，对应图的形状没有具体规定，主要以便于观察为主。但对于命名有要求，F 表示阀，M 表示电磁阀线圈，P 表示压力等。把这些命名叫作图形化变量，与 DUCG 类似，每个变量一般有多个状态，为了区分一个变量不同的状态，变量经常有两个下标，第一个下标表示变量的故障编号，例如 V3 是提升控制阀，这个阀的故障会有多种，如常见的阀芯卡死、泄漏、换向错误等，每一种故障都有一个故障编号，也就是第一个下标。第二个状态表示变量所处的状态，如正常状态、故障状态等。如 V 表示原因变量，是其他变量的原因，经常表示成 $V3_{ij}$，其中 i 表示故障变量的编号，j 表示变量所处的状态。

图 4-22 中，当故障发生时，相应的端子会有导线的连接，这时需要通过计算消除多余的连接线，最终会直观显示故障发生的线路。一般故障的发生是按照某个概率的，有些元件发生故障的概率高，有些发生故障的概率低，为了方便计算发生概率，规定：用 F 表示父变量，用 S 表示子变量，用 R 表示原因变量，用 $a_{n,k;i,j}$ 表示有向弧的连接事件的概率，概率值最大为 1，最小为 0，";"用于间隔子变量与父变量。对于任意一个子节点 $S_{n,k}$ 可以展开成父变量与作用事件的乘积和形式，可以表示成：

$$S_{n,k} = \sum_i \sum_j a_{n,k;i,j} F_{i,j} \tag{4-82}$$

假设节点变量 $S_{n,k}$ 的原因变量为 $R_{n,k}$，则根据贝叶斯公式，可以推出其发生的概率公式为：

$$p_{n,k} = \frac{P\{R_{n,k} \mid S_{n,k}\}}{P\{S_{n,k}\}} = \frac{R_{n,k} \sum\limits_i \sum\limits_j a_{n,k;i,j} F_{i,j}}{\sum\limits_i \sum\limits_j a_{n,k;i,j} F_{i,j}} \tag{4-83}$$

4.8.2 GES 知识库设计

专家系统的关键环节是知识库设计，专家系统主要完成相关的工作状态的推理，接受收到的实时数据，计算故障发生的概率，完成与图形显示部分的对接。

液压机的数据类型非常多，主要包括：各种液压阀的工作数据及故障数据、电磁阀的工作状态与故障状态、各种限位开关的工作状态与故障状态、液压压力实时采集数据、流量数据实时采集数据等，这些数据都是需要专家系统处理，当接受的数据异常的时候，要及时准确地推理出故障原因，并以图形的形式显示。分析液压机的数据，发现每种类型数据之间存在着逻辑关系，因此通过专家系统对数据进行处理，可以得到更加准确的推理结果。

专家系统要完成工作推理，首先需要建立知识模型，根据需要建立的第一个模型是状态确定模型：

IF $\{SatusN_i, SatusFlag, SatusD_i, \{SF_{ij}, SV_{ij}, FD_{ij}\}\}$

THEN $\{(SatusN_i, SatusFlagFin, \{DAQF_{ij}, DAQTheoryV_{ij}, DAQD_{ij}\})$

$i = 1, 2, 3, \cdots, n; j = 1, 2, 3, \cdots, m$

$$\tag{4-84}$$

把 IF 部分叫作前件，THEN 部分叫作后件。

在前件中：$SatusN_i$ 表示第 i 个状态的编号，状态分为正常状态和故障状态，这里统一进行编号；$SatusFlag$ 是一个标识，是专家系统识别这组数据的标识，也是这个模型的标识；$SatusD_i$ 为状态信息描述，包括状态的名称；SF_{ij} 表示第 i 个状态的第 j 个特征名称，在液压机的状态中，有些特征值可以确定当前的工作状态，如当一些电磁阀按照工艺流程进行动作时，系统的工作状态也是按照预定工艺进行转换，以贴面生产线为例，当压机进行提升的时候，对应的电磁阀动作是一定的，一些限位开关也是确定的，所以，这里的特征采集电磁阀得断电情况、限位开关的动作情况；SV_{ij} 表示第 i 个状态的第 j 个特征的特征值，这里的值只有 1 或者 0；FD_{ij} 为特征的文字描述，便于知识库的维护。

后件中：SatusFlagFin 是一个标识，是专家系统识别这组数据的标识；$DAQF_{ij}$ 表示第 i 个状态的第 j 个采集数据的特征名称；$DAQTheoryV_{ij}$ 表示第 i 个状态的第 j 个采集数据特征的特征理论值，也就是这个数据理论上应该的数值。

第一个模型主要实现了根据电磁阀动作逻辑，确定了当前的液压机的状态，并推导出了在这个状态下各个采集压力、流量等特征的理论特征值。

第二个模型主要实现数据采集的知识模型，数据采集是通过传感器将信号输入到上位机，由专家系统获取这些数值，用于故障状态的推理，其格式如下：

IF $\{(SatusN_i, EnableQuFlag)\}$

THEN $\{(SatusN_i, QucFlagFin, \{DAQF_{ij}, DAQV_{ij}, DAQD_{ij}\}) i = 1, 2, 3, \cdots, n; j = 1, 2, 3, \cdots, m\}$

$$(4\text{-}85)$$

式中，$SatusN_i$ 为第 i 个状态的编号，状态分为正常状态和故障状态，这里统一进行编号；EnableQuFlag 为一个标识，是专家系统识别这组数据的标识，也是允许数据采集的标志；QucFlagFin 为采集结束到位后的标识；$DAQF_{ij}$ 为第 i 个状态的第 j 个采集数据的特征名称；$DAQV_{ij}$ 表示第 i 个状态的第 j 个采集数据特征的特征实际值。

第三个模型是计算模型：

IF　{SatusN$_i$,QucFlagFin,SatusFlagFin}

THEN　{(SatusN$_i$,OP_FlagFin,{DAQF$_{ij}$,OutV$_{ij}$={(DAQTheoryV$_{ij}$,

DAQV$_{ij}$),(+,-,*,/)})i=1,2,3,$\cdots$,n;j=1,2,3,$\cdots$,m} 　　(4-86)

式中，OP_FlagFin 是标识。该模型主要是实现采样值与理论值的比较运算，并将运算结果存放到 OutV 中。

第四个模型是与标准库对比：

IF　{SatusN$_i$,OP_FlagFin,SatusFlagFin}

THEN　{(SatusN$_i$,CO_FlagFin,{DAQF$_{ij}$,OutResultV[k]$_{ij}$=(OutV$_{ij}$,

conferV$_{ij}$),Dff$_{ij}$})i=1,2,3,$\cdots$,n;j=1,2,3,$\cdots$,m} 　　(4-87)

式中，CO_FlagFin 是标识。通过该模型的运算后，凡是与标准误差的差值超过 Dff$_{ij}$ 的要求后，这些特征被记录到 OutResultV[k]$_{ij}$ 中，其中，k 表示层次，也就是说每采集一次数据就会计算一次。

第五个模型为图形推理模型：

IF　{SatusN$_i$,CO_FlagFin,(DAQF$_{ij}$,OutResultV[k]$_{ij}$)}

THEN　{(SatusN$_i$,G_FlagFin,DAQF$_{ij}$,OutGV{k}$_{ij}$)i=1,2,3,$\cdots$,n;

j=1,2,3,$\cdots$,m} 　　(4-88)

式中，G_FlagFin 表示图形推理完成的标识。通过该模型，也就是在 CO_FlagFin 运算结束后，根据运算结果 OutResultV[k]$_{ij}$ 的情况，搜索知识库，就可以搜索出图形知识 OutGV{k}$_{ij}$。OutGV{k}$_{ij}$ 是一个元组数据，是被专家系统存入的知识，其是由故障异常节点、有向线段、故障原因组成的知识事实，其表示如下：

OutGV{k}={(ErrorNode(n),Line[],w(n),p(n)),(ErrorNode(n),

Line[],w(n),p(n))$\cdots$,(ErrorNode(n),Line[],w(n),p(n)),RensonRoot}

(4-89)

式中，ErrorNode(n) 为第 n 个异常节点；Line[] 表示有向线段；w(n) 为当前节点与下面一个节点的连接权值；p(n) 为当前节点到下面一个节点发生概率，也就是当前节点发生后，导致下面一个节点发生的概率；RensonRoot 为原因节点，也就是当前各节点发生异常后，最有可能产生故障的原因节点。

4.8.3　推理机设计

当上面各个模型建立好之后，就可以进行推理机的设计，推理机的设计主要是利用各个知识模型，完成数据的采集、分析、计算，找到错误节点，并计算发生概率，最后在图形上显示，推理机就是推理过程的设计，下面就推理过程进行分析。

① 首先采集实时数据，并按照采集模型采集数据。

② 根据模型一，由采样得到的电磁阀及行程开关等数据，搜索知识库，推理出当前的压力、流量等过程数据。

③ 根据模型三，将采集到的压力实际值与理论值进行比较运算；根据模型四，与标准值进行比较，确定出发生异常的节点。

④ 根据异常节点数据，将异常节点进行图形显示，根据节点连接关系，在图形显示有向线段，同时根据节点连接权值及概率进行计算，并对计算的概率进行排序，数值最大者即可确定为故障原因，同时将故障节点与故障原因进行连接并显示。

为了说明推理计算过程，现举例说明。如图 4-23 所示，液压机中有一个最常见的故障，即预充阀的故障。预充阀的故障原因有多种，但最常见的是一种预充阀控制压力缸的损坏，该压力缸损坏的主要原因是打开压力过大，致使其破裂，或者连接螺纹断裂等，不管是哪种原因造成的现象都是系统压力发生了变化。具体表现为在该工作状态下（如图 4-23 中 M10、M6 为得电状态，其他电磁阀不得电），系统压力 P4 减小到 0.5MPa，P4 变化使得 P3 也变化，并且压力相等，同时 P6 的压力没有变化（应该变化），同时流量阀 F1 的流量出现了较大变化，流量大大提升了。

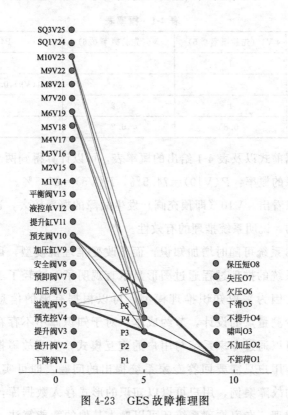

图 4-23　GES 故障推理图

专家系统首先通过采集知识模块，采集到了系统电磁阀及每个压力传感器的数值，然后根据电磁阀的状态，根据模型一，推理出当前各个传感器的理论数值，然后通过模型三，把各特征值的理论数值与实际数值进行比较运算，计算出偏差量，然后根据模型四，搜索知识库，判断偏差量超过标准的情况，当超过标准差的时候，该节点便被登记。如图 4-23 所示，P1、P2、P6 几个节点被登记，然后根据最后计算模型，搜索知识库，会得到与这几个变量变化有关的故障原因有两个：预充阀故障 V10（深色线表示），先导式溢流阀故障 V5。专家系统给出的概率如表 4-1 所示。

表 4-1　概率表

项目	V10(先验概率 0.5)	V5(先验概率 0.6)	P4
P4	1	1	
P3			1(V9),0.4(V5)
P6	1	0.2	
F1	0.8	0.2	

根据前式以及表 4-1 给出的概率表，可以计算得到两个阀各自发生故障的概率：$P(V10)=74.5\%$，$P(V5)=25.5\%$。

可以看出，V10（即预充阀）发生故障的概率较大，这与实际是相符的，说明系统推理的有效性。

GES 系统可随时增加知识，而不改变推理机模型，可扩展性强。该系统的推理过程通过图形显示直观明了，减轻了工作人员的负担。因为采取知识推理模型，可以根据有限的信息进行推理，减少测量点的设计，节约成本。对于知识库中不存在的故障知识，可以通过专家系统与用户的交互模式，实现故障推理，也就是说，用户只需要回答专家系统提出的问题，即可实现推理。对典型的故障案例，用户可以以知识的形式存入数据库，以便于后续的推理。专家推理系统还可以融入其他的智能算法，完成故障推理。

4.9　隐马尔科夫 HMM 故障诊断方法

马尔科夫链是一种离散的随机过程，其特点是：t 时刻以后的状态与 t 时刻之前的过程状态无关。则有：

$$P_{t,S_i}^{t+k,S_j} = P(X_{t+k} = S_j \mid X_t = S_i) \tag{4-90}$$

式中，P_{t,S_i}^{t+k,S_j} 为在 t 时刻状态 S_i 到 $t+k$ 时刻的 S_j 的 k 步转移概率。当 $k=1$ 时为齐次马尔科夫。用 a 表示一步转移概率，则有：

$$a_{ij} = \begin{bmatrix} a_{11} & a_{12} & \cdots & a_{1N} \\ a_{21} & a_{22} & \cdots & a_{2N} \\ \vdots & \vdots & & \vdots \\ a_{N1} & a_{N2} & & a_{NN} \end{bmatrix} \tag{4-91}$$

$$\sum_{j=1}^{N} a_{ij} = 1, \quad 0 \leqslant a_{ij} \leqslant 1$$

用 π 表示马尔科夫的先验概率，称为初始概率，则有 $\pi = [\pi_1, \pi_2, \cdots, \pi_N]$，同样满足：

$$\sum_{j=1}^{N} \pi_{ij} = 1, \quad 0 \leqslant \pi_{ij} \leqslant 1$$

当状态不可直接观测时，只能根据观测值进行推测的马尔科夫过程称为隐马尔科夫 HMM，其通过一组与状态相关的概率分布相互联系，其状态之间的转移是随机过程，同时，其观测值也是随机的过程。通常 HMM 可以简写成：

$$\lambda = (\boldsymbol{\pi}, \boldsymbol{A}, \boldsymbol{B}) \tag{4-92}$$

式中，$\boldsymbol{\pi}$ 为初始状态概率向量；$\boldsymbol{A}$ 为状态转移概率矩阵 a_{ij}；$\boldsymbol{B}$ 为观测值概率矩阵 b_{ij}。HMM 有三种基本问题及其算法，主要算法包括向前-向后算法、viterbi 算法和 Baum-Welch 算法。

HMM 预测分类算法中，主要是通过训练形成 HMM 模型，然后用这个模型进行预测，图 4-24 中包含 12 类故障，72 个训练样本，1920 个测试样本，其分类成功率为 60.36%。

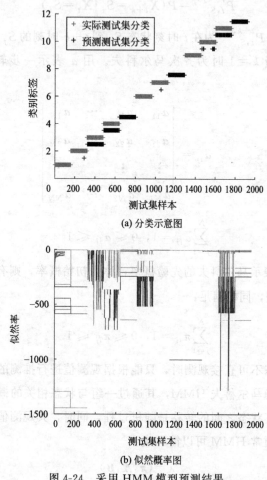

(a) 分类示意图

(b) 似然概率图

图 4-24　采用 HMM 模型预测结果

　　由图 4-24 可以看出，HMM 分类的精度比较低，另外，HMM
耗时比较长，HMM 模型的训练成功与否与训练样本大小有关，训
练样本增大时，其成功率会提高。另外，HMM 受到初始概率的影
响比较大，一般初始概率是随机生成，然后进行训练，每次训练的
值不同，因此，HMM 每次分类的成功率有所不同。通过对初始概

率的优化算法，可以明显提高分类精度。HMM 一般与其他算法配合，才能发挥其优势。

4.10　决策树

决策树通过把样本实例从根节点排列到某个叶子节点来对其进行分类。其基本思想是以信息熵为度量构造一棵熵值下降最快的树，到叶子节点处，熵值为 0。树上的每个非叶子节点代表对一个属性取值的测试，其分支就代表测试的每个结果；而树上的每个叶子节点均代表一个分类的类别，树的最高层节点是根节点。决策树采用自顶向下的递归方式，从树的根节点开始，在它的内部节点上进行属性值的测试比较。然后按照给定实例的属性值确定对应的分支，最后在决策树的叶子节点得到结论。

决策树的构造过程一般分为 3 个部分，分别是特征选择、决策树生成和决策树裁剪。特征选择：表示从众多的特征中选择一个特征作为当前节点分裂的标准，如何选择特征有不同的量化评估方法，从而衍生出不同的决策树，如 ID3（通过信息增益选择特征）、C4.5（通过信息增益比选择特征）、CART（通过 Gini 指数选择特征）等。决策树生成：根据选择的特征评估标准，从上至下递归地生成子节点，直到数据集不可分则决策树停止生长。决策树裁剪：决策树容易过拟合，一般需要剪枝来缩小树结构规模、缓解过拟合，剪枝是从已经生成的树上裁掉一些子树或叶节点，并将其根节点或父节点作为新的叶子节点，从而简化分类树模型。

设 X 是一个取有限个值的随机变量，则用其概率分布为 $P(X=x_i)=p_i(i=1,2,\cdots,n)$ 定义 X 的信息熵为：

$$H=-\sum_{i=1}^{n}p_i\log_2 p_i \tag{4-93}$$

式中，H 表示随机变量 X 的不确定性度量，其值越大，则随机变量的不确定性越大。如果训练集为 T，$|T|$ 表示其样本数，训练集的类别数为 $c_k(k=1,2,\cdots,K)$，则数据集的经验熵为：

$$H(T)=-\sum_{i=1}^{K}\frac{|c_k|}{|D|}\log_2\frac{|c_k|}{|D|} \tag{4-94}$$

如果有两个随机变量 X、Y，其联合概率分布为：

$$P(X=x_i,Y=y_i)=p_{ij} \quad i=1,2,\cdots,n;j=1,2,\cdots,m$$

如已经知道 X 的情况下，随机变量 Y 的不确定性可以表示为：

$$H(Y\mid X)=\sum_{i=1}^{n}p_iH(Y\mid X=x_i)p_i=P(X=x_i) \tag{4-95}$$

如果特征 A 对训练数据集 T 的信息增益为 $g(T,A)$，则其可以表示为信息集合 T 的经验熵与特征 A 给定下 T 的条件熵之差，即：

$$g(T,A)=H(T)-H(T\mid A) \tag{4-96}$$

如定义特征属性 A 对训练数据集 T 的信息增益率为 $g_R(T,A)$，则有：

$$g_R(T,A)=\frac{g(T,A)}{H(T)} \tag{4-97}$$

所以决策树的生成主要分以下两步：一是节点的分裂，一般当一个节点所代表的属性无法给出判断时，则选择将这一节点分成 2 个子节点或 n 个子节点；二是阈值的确定，选择适当的阈值可使得分类错误率最小。

（1）ID3

ID3 算法的核心是在决策树各个结点上由增熵（Entropy）原理来决定哪个做父节点，哪个节点需要分裂。对于一组数据，熵越小说明分类结果越好。所以当 Entropy 最大为 1 的时候，是分类效果最差的状态，当它最小为 0 的时候，是完全分类的状态。一般实际情况下，熵介于 0 和 1 之间。在实际中，经常使用信息增益进行划分。其概念是父亲节点的信息熵减去所有子节点的信息熵。在计算的过程中，会计算每个子节点的归一化信息熵，即按照每个子节点在父节点中出现的概率，来计算这些子节点的信息熵。

（2）C4.5

信息增益会偏向取值较多的特征，使用信息增益比可以对这一问题进行校正。因为 ID3 在计算的时候，倾向于选择取值多的属性。为了避免这个问题，C4.5 采用信息增益率的方式来选择属性。除此之外，其他的原理和 ID3 相同。特征 A 对训练数据集 D 的信息增益比 $\mathrm{GainRatio}(D,A)$ 定义为其信息增益 $\mathrm{Gain}(D,A)$ 与训练数据集 D 的经验熵 $H(D)$ 之比：

$$\mathrm{GainRatio}(D,A) = \frac{\mathrm{Gain}(D,A)}{H(D)} \tag{4-98}$$

（3）CART

CART 是一个二叉树，也是回归树，同时也是分类树，CART 只能将一个父节点分为 2 个子节点。CART 用基尼指数来决定如何分裂，即总体内包含的类别越杂乱，基尼指数就越大。CART 还是一个回归树，回归解析用来决定分布是否终止。CART 可以对每个叶节点里的数据分析其均值方差，当方差小于一定值可以终止分裂，以换取计算成本的降低。CART 和 ID3 一样，存在偏向细小分割，即过度学习（过度拟合的问题），为了解决这一问题，需对特别长的树进行剪枝处理。令 p_k 为样本属于第 k 类的概率，则基尼指数为：

$$\mathrm{Gini}(p) = \sum_{k=1}^{K} p_k (1 - p_k) = 1 - \sum_{k=1}^{K} p_k^2 \tag{4-99}$$

对于给定的样本集合 D，在 D 中属于 k 类的样本数为 C_k，其 Gini 指数为：

$$\mathrm{Gini}(D) = 1 - \sum_{k=1}^{K} \left(\frac{|C_k|}{|D|} \right)^2 \tag{4-100}$$

则特征 A 条件下，把集合 D 分成两部分，一部分是可能含有特征 A 的样本 D_1，另外一部分为 D_2，则 Gini 指数为：

$$\text{Gini}(D,A) = \frac{|D_1|}{|D|}\text{Gini}(D_1) + \frac{|D_2|}{|D|}\text{Gini}(D_2) \quad (4\text{-}101)$$

基尼指数 $\text{Gini}(D)$ 表示集合 D 的不确定性，基尼指数 $\text{Gini}(D,A)$ 表示经 A 分割后集合 D 的不确定性。基尼指数值越大，样本集合的不确定性也就越大，这一点跟熵相似。

（4）测试

采用训练数据 1000 个，测试数据 920 个，成功率为 99.46%，得到的树如图 4-25 所示。当训练采用 120 个数据，测试采用 1800 个数据时，成功率 98.67%。

由图 4-25 可以看出，当采用 1000 个训练数据时，成功率非常高，分类结果被准确地分到各自的叶子节点上。同时可以看出，当有足够的训练样本时，成功率是比较高的。当采用 72 个训练数据，即每个故障类是 6 个训练数据时，其成功率有所下降，如图 4-26 所示。由图可以看出，第 11 类误差较大，分类错误较多。

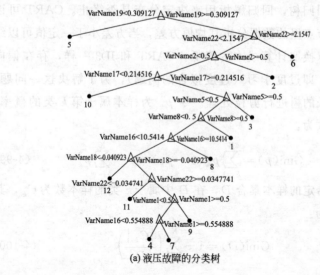

(a) 液压故障的分类树

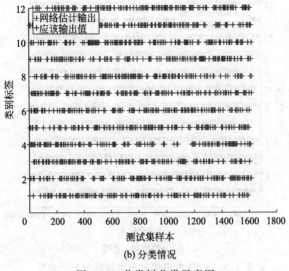

(b) 分类情况

图 4-25　分类树分类示意图

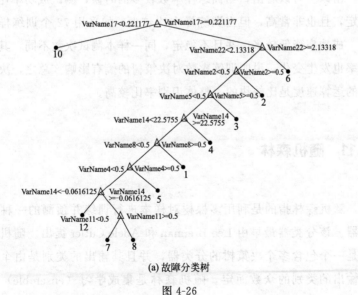

(a) 故障分类树

图 4-26

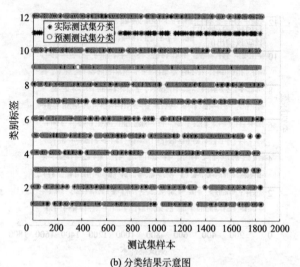

(b) 分类结果示意图

图 4-26　少样本训练时分类树的分类示意图

　　由以上可以看出，当训练样本数较多的时候，测试成功率比较稳定，且也非常高，但当训练样本比较少，如采用 72 个训练样本时，成功率降低较多，并且不稳定，同一样本测试次数不同，其成功率也发生变化，说明训练次数对决策树的熵有影响。总之，决策树的运算速度是比较快的，整体识别率比较高。

4.11　随机森林

　　随机森林指的是利用多棵树对样本进行训练并预测的一种分类器。该分类器最早由 Leo Breiman 和 Adele Cutler 提出。随机森林是一个包含多个决策树的分类器，并且其输出的类别是由个别树输出的类别的众数而定。随机森林是集成学习（ensemble）的典范，它是将许多棵决策树整合成森林，并合起来用来预测最终结果。

假设某随机森林由 L 个分类树组成 $T = \{T_1, T_2, \cdots, T_L\}$，用 v_j 表示某棵树 T_j 在给定的输入向量 $\boldsymbol{x}$ 上的估计值，即 $v_j = T_j(\boldsymbol{x}), j = 1, 2, \cdots, L$，那么最终的预测值可由各个分类树的预测计算得出：

$$y = f(v_1, v_2, \cdots, v_L) \tag{4-102}$$

其中，$f(\cdot)$ 是一个组合函数。如给每一个输出一个权重，则有：

$$y_i = \sum_{j=1}^{L} w_j v_{ji}, w_j \geqslant 0, \sum_{j=1}^{L} w_j = 1 \tag{4-103}$$

最简单的组合函数是投票法（Voting）。在多分类 $\{c_1, c_2, \cdots, c_K\}$ 问题中，令目标判别 $c_i (i = 1, 2, \cdots, K)$ 的概率为 d_{ji}。假设 $w_j = P(T_j), d_{ji} = P(c_i | \boldsymbol{x}, T_j)$，那么有：

$$P(c_i | \boldsymbol{x}) = \sum_{j=1}^{L} P(c_i | \boldsymbol{x}, M_j) P(M_j) \tag{4-104}$$

假设 d_j 是独立同分布的，其期望值为 $E(d_j)$，方差为 $\mathrm{Var}(d_j)$，那么当 $w_j = 1/L$ 时，输出的期望值和方差分别为：

$$E(y) = E\left(\sum_{j=1}^{L} \frac{1}{L} d_j\right) = \frac{1}{L} \times L E(d_j) = E(d_j) \tag{4-105}$$

$$\mathrm{Var}(y) = \mathrm{Var}\left(\sum_{j=1}^{L} \frac{1}{L} d_j\right) = \frac{1}{L^2} \mathrm{Var}\left(\sum_{j=1}^{L} d_j\right) = \frac{1}{L} \mathrm{Var}(d_j) \tag{4-106}$$

从上述推导过程可以看到，期望值没有改变，因而偏倚也不会改变。但是方差会随着独立投票数量的增加而下降。

算法首先是从原始的数据集中采取有放回的抽样，构造子数据集，子数据集的数据量是和原始数据集相同的。不同子数据集的元素可以重复，同一个子数据集中的元素也可以重复。然后利用子数据集来构建子决策树，将这个数据放到每个子决策树中，每个子决策树输出一个结果。最后，通过对子决策树的判断结果的投票，得到随机森林的输出结果。与数据集的随机选取类似，随机森林中子决策树的每一个分裂过程并未用到所有的待选特征，而是从所有的待选特征中随机选取一定的特征，之后再在随机选取的特征中选取最优的特征。这样能够使得随机森林中的决策树都能够彼此不同，提升系统的多样性，从而提升分类性能。

随机森林算法基于 Bootstrap 方法重采样，产生多个训练集。不同的是，随机森林算法在构建决策树的时候，采用了随机选取分裂属性集的方法。

图 4-27 是采用随机森林进行液压数据的分类结果，数据与分类树相同，采用 1000 个训练数据，920 测试数据，识别率 100%；采用训练数据 72 个，测试数据 1848 个，识别率为 100%，稳定性高。图 4-28 是随机森林分类决策投票结果。

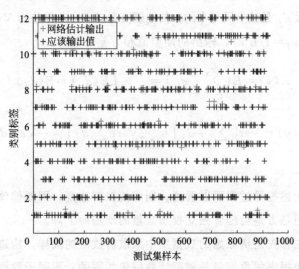

图 4-27　液压故障随机森林分类结果

	1	2	3	4	5	6	7	8	9	10	11	12
1	0	0	0	0	0	1	1	481	1	12	1	3
2	0	0	0	0	0	2	0	3	0	16	3	476
3	0	0	12	486	2	0	0	0	0	0	0	0
4	491	5	1	1	1	1	0	0	0	0	0	0
5	0	0	1	4	494	0	0	0	1	0	0	0
6	1	0	0	0	0	7	7	1	0	1	481	2
7	0	0	0	0	0	0	0	0	0	14	3	478
8	0	0	11	487	2	0	0	0	0	0	0	0
9	491	0	1	1	1	1	0	0	0	0	0	0
10	0	0	1	3	495	0	0	0	0	0	0	0
11	0	0	482	14	0	0	0	0	0	0	0	0
12	0	0	484	12	4	0	0	0	0	0	0	0
13	1	0	0	0	0	474	10	0	0	1	12	2
14	0	0	0	0	0	0	0	464	1	12	17	3
15	490	6	1	1	1	1	0	0	0	0	0	0
16	490	6	1	1	1	1	0	0	0	0	0	0
17	491	5	1	1	1	1	0	0	0	0	0	0
18	0	0	0	0	0	0	1	0	497	1	1	0
19	0	0	0	0	0	0	1	1	496	1	1	0
20	1	0	0	0	0	0	1	0	487	1	10	0
21	1	0	0	0	0	0	0	1	0	481	2	

图 4-28　液压故障随机森林分类决策投票结果

由图 4-27 可以看出，采用相同的训练样本和测试样本，随机森林的识别率要好于分类树，并且其执行速度也快，说明随机森林是一种优秀的分类算法，可以在液压故障诊断中得到应用。

4.12　傅里叶描述子在液压机故障诊断中的应用

液压系统的故障除了通过压力、流量等形式表现外，还可以通过外形变化、温度等特征表现，对于外形的变化可以采用图像处理方法进行处理，对于温度可通过红外摄像获得与温度相适应的图像。图像处理一般需要颜色、形状的处理。

液压机中，对于压机位置错误、漏油、位移不正常等都可以通过拍摄图像，然后对图像进行分析，获取故障源。图像处理的方式非常多，但傅里叶描述子可以对故障图像的形状、颜色进行识别，达到故障诊断的目的。

4.12.1 颜色获取

彩色颜色特征选取目前常用的有颜色直方图、颜色矩、颜色聚集向量图等方法，这些方法基于样本的全局特征，主要用于图像搜索等方面。目前常用的颜色模型有 RGB 模型、HIS 模型、Lab 模型、CMYK 模型。RGB 模型用红、绿、蓝三原色合成任意颜色，广泛应用在显示器等场所，RGB 三个颜色受光照强度影响较大。HIS 模型以色调（Hue）、饱和度和亮度来描述颜色，HIS 颜色反映了人的视觉系统感应彩色的方式，如果将光照强度分量 I 分离出来，就会减小光照变化给颜色判别带来的误差，适合在自然条件下采集的图像处理。Lab 模型由三个通道组成，即明度 L 通道和两个色差通道（a 通道、b 通道），不依赖于照射光线，是独立于设备的颜色模型，与其他颜色不同的是，Lab 颜色空间中，相同的色差改变对人的感受基本不变。在 Lab 颜色空间下，设备处理后的颜色与一般观察者看到的颜色判断基本相符，是一种比较理想的颜色语义映射方式。而 RGB 空间的颜色范围变化较大，需要转换到 Lab 空间，转换的公式如下：

$$L = 116 \times (0.229R + 0.587G + 0.11B)^{\frac{1}{3}} - 16$$

$$a = 500 \times [1.006 \times (0.607R + 0.17G + 0.2B)^{\frac{1}{3}} -$$

$$(0.229R + 0.587G + 0.114B)^{\frac{1}{3}}] \tag{4-107}$$

$$b = 500 \times [(0.229R + 0.587G + 0.114B)^{\frac{1}{3}} -$$

$$0.846 \times (0.066G + 1.117B)^{\frac{1}{3}}]$$

要取出这些颜色的特征，就需要在不同的颜色空间中获取，因此需要将图像进行颜色分割。分割后，对不同的颜色进行计算 R、G、B、L、a、b 各分量的颜色值，同时也算出颜色矩，确定颜色的特征值。因为每一种颜色空间都有不同的特点，通过统计各个颜色空间的色彩均值和方差值，作为其特征值。主要步骤包括把图像转换到 Lab 颜色下，取出 a、b 通道颜色，采用 k 均值聚类方法，按照颜色标签着色，计算颜色特征值。

4.12.2　颜色矩

因为颜色的分布信息主要在底阶颜色矩中，因此，利用底阶颜色矩就可以近似地表示颜色分布特征，分别是描述颜色平均值的一阶矩、颜色方差的二阶矩、颜色偏移性的三阶矩，如式(4-108)：

$$M_1 = \frac{1}{N}\sum_{j=1}^{N} q_{ij}$$

$$M_2 = \left[\frac{1}{N}\sum_{j=1}^{N}(q_{ij} - M_1)^2\right]^{\frac{1}{2}} \qquad (4\text{-}108)$$

$$M_3 = \left[\frac{1}{N}\sum_{j=1}^{N}(q_{ij} - M_1)^3\right]^{\frac{1}{3}}$$

式中，M_1，M_2，M_3 分别为一、二、三阶颜色矩；N 为像素数；q_{ij} 为像素 j 的颜色分量为 i 的概率。

4.12.3　形状特征获取

形状特征是故障识别的另一个重要特征，特征主要包括面积、周长、矩形度、圆形度、圆柱度、偏心率、Hu 不变矩、傅里叶描述子等。

（1）Hu 不变矩

Hu 不变矩具有旋转，缩放和平移不变性。由 Hu 不变矩组成的特征量对图片进行识别，优点是识别速度很快。Hu 不变矩一般用来识别图像中大的物体，对于物体的形状描述得比较好。

（2）矩形度、圆柱度、离心率

要获取这几个参数，首先要确定面积、周长、长轴与短轴。

① 对图像进行颜色分割。主要目的是去除图像的背景，分割出需要的对象。分割的方法是在 Lab 颜色空间下，采用 k 均值聚类的方法。

② 二值化。采用自动阈值计算方法，得到二值图像。

③ 小面积消除。采用 8 邻域形态开运算消除小面积的图区。

④ 图像形态学处理。该处理主要采用开闭运算、腐蚀运算，获得较完整的图像。需要设定了一个 2×2 的矩阵模板，对图像进行腐蚀，主要目的是增大识别对象的距离，为后面的区域连通标记打好基础。然后采用圆形参数为 1 的运算子进行图像开运算，并进行填充孔洞运算。然后再采用方形参数 6 进行一次开运算，进一步减少噪声和杂点，最后再采用关操作。

⑤ 不合理面积去除。对图像采用 4 邻域连通区域标记，并确定出所有连通区域的面积，对不合理面积进行去除，接着对图像进行膨胀操作，以便于更加明显，并平滑边界。

⑥ 聚类剥离。主要是对不符合要求的，明显有畸形的除去。

⑦ 找出符合要求图像。方法是先将连通分量进行标注，并建立最大连通分量的索引变量，采用查询指令查询，并对每一个标号的像素点进行累加计数，并将最大面积的标号记录到索引变量中，最后把最大面积的图像显示出来，其他图像置零。

设识别对象的面积为 S，周长为 P，最小外接矩的长为 L，宽为 W，叶长轴为 b，短轴为 a，则其形状特征主要可以通过以下几个确定：圆度 $F_1 = 4\pi S/P^2$，长宽比 $F_2 = W/L$，椭圆扁率 $F_3 = (b-a)/b$，矩形度 $F_4 = S/(W \times L)$。这些特征具有旋转、比例和平移的不变性特征，与叶片的大小和方向无关。

4.12.4　傅里叶描述子算法识别

采用不变矩的图像识别算法，虽然能较好地识别形态不复杂的图像，但当采集的图像不清楚或者受到光照不均匀的时候，识别失误率增大，因此，必须要考虑形态上的变化。傅里叶描述子是对图像边界敏感的描述方法，其基本思路是：

图像的目标区域的边界是一条封闭的曲线，因此相对于边界上某一固定的起始点来说，沿边界曲线上的一个动点的坐标变化则是一个周期函数。通过规范化之后，这个周期函数可以展开成傅里叶级数。而傅里叶级数中的一系列系数是直接与边界曲线的形状有关的，可作为形状的描述，称为傅里叶描述子。目标区域边界的像素点可以用以弧长为函数的曲线切线角来表示，也可以用复变函数来表示。

傅里叶描述子是首先将物体轮廓线表示成一个一维的轮廓线函数，然后对该函数作傅里叶变换，由傅里叶系数构成形状描述子。同一形状不同的轮廓线函数，会产生不同的傅里叶描述子，如切角函数、曲率函数、中心距离函数、三角形面积函数等。FD 是目前形状表示方法中应用较多的描述子。它通过把形状在频域进行表示，可以很好地解决描述子对存在噪声和边界变化的敏感度。傅里叶描述子不仅是目前应用最广泛的描述子，而且是最具有发展潜力的形状表示算法。傅里叶描述子作为全局形状特征的一种描述方式，具有计算简单，抗噪性强，较高的形状区分能力，但不包含局部形状信息，对形状的细节辨识能力较弱。

设由 N 个像素点组成的封闭边界，其中任意一点的坐标为将

XY 坐标系与复数坐标系 UV 平面重合，这样边界上的每个点都可以用一个复数，即 $S_k = u_k + \mathrm{j}v_k$ $(k = 0, 1, 2, \cdots, N-1)$，以边界上任意一个点为起点，沿着逆时针方向跟踪形状的边界，就可以得到一个复数序列 $\{s_k\}$ $(k = 0, 1, 2, \cdots, N-1)$，这种复数坐标的表示方法的优点是将一个二维的目标形状转变成了一维函数。然后对 $\{S_k\}$ $(k = 0, 1, 2, \cdots, N-1)$ 进行一维傅里叶变换（DFT），得到：

$$a(u) = \frac{1}{N}\sum_{k=0}^{N-1} S_k \mathrm{e}^{-\mathrm{j}2\pi k/N} \quad (u = 0, 1, \cdots, N-1) \quad (4\text{-}109)$$

傅里叶系数 $\{a_u\}$ $(u = 0, 1, 2, \cdots, N-1)$ 组成的一维行向量就是傅里叶描述子，可以代表目标形状边界所具有的特征，也可以还原形状边界，如式（4-110）所示：

$$S(k) = \sum_{u=0}^{N-1} a(u) \mathrm{e}^{\mathrm{j}2\pi k/N} \quad (k = 0, 1, \cdots, N-1) \quad (4\text{-}110)$$

利用傅里叶系数组成的特征向量并不具有形状的平移、旋转和尺度变换不变性。由于边界的起始点是任意选择的，所以描述子也需要具备对起始点变化的不变性。当形状发生平移变换时，复数坐标序列在水平和垂直方向上都附加一个位移常量，变为：

$$s_k = (u_k + \Delta x) + \mathrm{j}(v_k + \Delta y) = s_k + \Delta_{xy} \quad (4\text{-}111)$$

根据傅里叶变换的性质，当函数加上一个常量后，傅里叶变换的结果除直流分量 $a(0)$ 以外，对其他傅里叶系数没有影响，如下式所示，可以通过舍弃 $a(0)$ 项的方法解决。

$$a(u) = \frac{1}{N}\sum_{k=0}^{N-1} s(k) \mathrm{e}^{-\mathrm{j}2\pi uk/N}$$

$$= \frac{1}{N}\sum_{k=0}^{N-1} \left[s(k) + \Delta_{xy}\right]\mathrm{e}^{-\mathrm{j}2\pi uk/N} = a(u) + \Delta_{xy}\delta(u)$$

$$(4\text{-}112)$$

当形状发生旋转变换，旋转角为 θ 时，此时的傅里叶变换结果为如下式所示。因此，旋转变换只是带给每一个傅里叶系数都乘上一个常数项的影响，所以可以通过选取傅里叶系数的幅度值，忽略其相位值的方法解决。

$$a'(u) = \frac{1}{N}\sum_{k=0}^{N-1} s(k)e^{j\theta} e^{-j2\pi uk/N} = a(u)e^{j\theta} \qquad (4\text{-}113)$$

当形状发生尺度变换，尺度变换因子为 λ 时，复数坐标序列变为 $s_k = \lambda s(k)$，此时 DFT 变换结果也是将每一个傅里叶系数都乘以一个 λ 因子，如下式所示。可以通过将傅里叶系数的每一项都除以 $a(1)$ 项，消除尺度因子对傅里叶系数的影响。

$$a'(u) = \frac{1}{N}\sum_{k=0}^{N-1} s(k)e^{-j2\pi uk/N} = \frac{1}{N}\sum_{k=0}^{N-1} \lambda s(k)e^{-j2\pi uk/N} = \lambda a(u)$$

$$(4\text{-}114)$$

当形状轮廓的起始点移位 k_0 个像素点时，复数坐标序列变为

$$s'_k = s(k-k_0) \qquad (4\text{-}115)$$

此时 DFT 变换结果下式所示。此时傅里叶系数的变化也可以通过只选取傅里叶系数的幅度值解决，或者也可以将起始点的变换看作形状边界进行了一定角度的旋转变换。

$$a'(u) = \frac{1}{N}\sum_{k=0}^{N-1} s(k-k_0)e^{-j2\pi uk/N}$$

$$= a(u)e^{-j2\pi k_0 u/N} \qquad (4\text{-}116)$$

综上，现设物体被平移 Δ 长度，放大 r 倍，旋转 β 角度，设起点坐标为 (x_0, y_0)，则有：

$$a(k) = re^{j\beta}e^{j\frac{2\pi}{L}k\Delta}a(k) + F(x_0 + jy_0) \quad (k = 0,1,2,\cdots,N-1)$$

$$(4\text{-}117)$$

式中，$F(x_0 + jy_0)$ 为 $k = 0$ 时的直流分量，这里舍去。然后

$a(k)$ 的模与 $a(1)$ 的模相除，可消掉 $re^{j\beta}e^{j\frac{2\pi}{L}k\Delta}$ 因子，得到傅里叶描述子为

$$FD = \frac{a(k)}{a(1)} = \frac{r\|e^{j\beta}e^{j\frac{2\pi}{L}k\Delta}a(k)\|}{r\|e^{j\beta}e^{j\frac{2\pi}{L}k\Delta}a(1)\|} = \frac{\|a(k)\|}{\|a(1)\|} \quad (k=1,2,\cdots,N-1)$$

(4-118)

$$FD = \left\{ \frac{|a(1)|}{|a(1)|}, \frac{|a(2)|}{|a(1)|}, \cdots, \frac{|a(K)|}{|a(1)|} \right\} \quad [K \in (1, N-1)]$$

(4-119)

式中，K 为选取的傅里叶描述子的个数。步骤是：

① 拍摄被测对象的图像，然后转换到 Lab 颜色空间，用 k 均值聚类，分离出对象的形态，然后进行二值化处理，之后需要图像的形态学处理，即把最小的斑块、杂散噪声等除去，同时把小面积的不需要的块去掉。最后计算出其傅里叶描述子的值 $FD(m)$ $(m=1,2,3,\cdots,N)$，一般 N 取 70 即可，同时还要计算出该图像的其他几何形态，如圆度、方度、HIS 颜色数据、Lab 颜色数据、RGB 颜色数据等，将其存入知识库备用。知识库可以不断地扩充，并不影响推理机的程序。

② 当系统采集到新的数据后，同样需要进行图像聚类分离、二值化、计算形态参数与傅里叶描述子，然后根据这次计算的傅里叶描述子数值搜索知识库，逐一计算采集图像的傅里叶描述子与知识库中的傅里叶描述子的差异距离。

$$\text{distance} = \sqrt{\sum_{k=2}^{N} \|a_i(k) - a_j(k)\|^2} \quad (4-120)$$

设置一个阈值，在互相比较过程中，用一个二维数组 A 记录小于阈值的距离，则数组 $A[i]$ 中记录了与其比较的距离值，这样

形成了 N 个形状集，理想的形状如式（4-121）所示。

$$\text{EXPECT} = \min \frac{\sum_{i=1}^{N}\sum_{j=1}^{M} A[i][j]}{M} \tag{4-121}$$

式中，N 为形状数；M 为形状总数量。

③ 把计算出的差异距离进行排序，按照从小到大进行排序（差异距离越小越接近），选择前面几个为候选项，然后再搜索知识库，根据当前采集图像的其他参数与知识库中相应参数的直接距离，距离最大者即为确定图像的对象名称、温度值以及其他信息。

4.12.5　应用举例

在液压系统中，经常采用红外设备监控油箱的温度，并能通过手机进行显示，有些是用手机进行拍摄，然后在手机上处理，红外设备根据所测图像进行温度的计算，并在手机上显示，供技术人员进行处理。液压油箱所测图像及监控温度结果如图 4-29 所示，液

(a) 手机接收油温原图　　　　(b) 聚类后图　　　　(c) 二值化后图

图 4-29　液压油箱温度监控图像处理

压控制柜导线所测图像及监控温度结果如图 4-30 所示。因为现场红外设备在拍摄的时候，因温度、光线、灰尘、拍摄角度等情况，使得红外算法出现偏差。另外，在智能化诊断的过程中，需要对这些图像处理，以便于自动获取被测图像是什么，温度值是多少。因而智能化处理过程中，一般通过傅里叶描述子获取形状及其特征，然后在知识库中根据这些参数，进一步确定是什么元件发生了什么样的变化，温度是多少等信息。

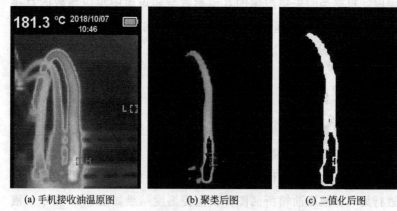

(a) 手机接收油温原图　　　(b) 聚类后图　　　(c) 二值化后图

图 4-30　液压控制柜温度监控图像处理

需要说明的是，傅里叶描述子对形状有较强的描述能力，但因采集的图像非常复杂，所以把傅里叶描述子看成一个重要的特征，结合其他的特征，基本可以准确地对图像进行智能化的处理，减轻人工的筛查、筛选与判断，尤其适合于大规模的图像甄别、数字判断等方面，在液压方面可以实现对液压机工作位移是否正常、设备漏油、裂纹等进行监控，不需要人工值守。另外，对液压机远程工作状态的监控，可以实现集中监控与问题发现，实现智能化。

4.13　远程监控系统

随着互联网、物联网等快速兴起与普及，装备的安全可靠运行举足轻重，为得到专业人员的技术支持，远程数据处理得到应用，大型液压系统远程诊断技术得到重视。借助目前成熟的物联网技术，构建大型液压机现场数据的实时传输系统，确保数据的可靠传输，实现远程对液压系统的监控。并根据液压数据特征，设计液压数据知识表达模型，运用人工智能语言设计推理机，通过不断地干预知识库，逐步构建完善知识库，实现复杂数据、大量数据的数据分析、异动提醒、统计报表等，最终构建大型液压机数据的分析、处理、故障分类、性能评估的系统。

（1）系统构成

针对液压机系统，首先需要选择测量点，因为要考虑各种故障可能性，因此在主要控制及主回路上设计了测量点，这些测量数据通过采集卡将数据传输到现场工作站，现场工作站主要完成数据的处理，主要包括数字滤波、特征值提取、信号的显示、接受上位机的故障识别信息，经过现场工作站处理后的数据输入到工程师站。工程师站主要完成数据的深度处理，主要包括各类信号的显示、故障分类及性能评估算法、与远程服务器通信、用户管理等。工程师站对数据处理后送入到企业服务器，企业服务器接受并存入数据库，企业服务器根据企业业务的不同、设备管理特点，采用特定模型对数据进行处理，并将处理后的数据通过网络传送到远程服务器，远程服务器采用安装的专家系统，进行故障的分析与确定，分析确定后的故障信息同时会下传到企业服务器，企业服务器对数据进行分析，并完成终端的显示。项目构建的远程诊断系统如图 4-31 所示。

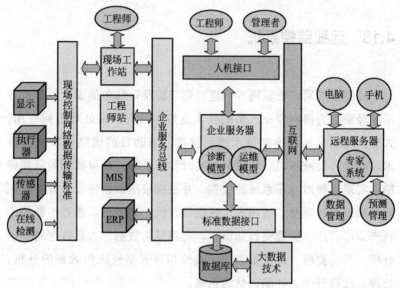

图 4-31　远程诊断系统示意图

目前数据采集技术比较成熟，另外各类管理软件应用技术也比较成熟，但这些都无法自动实现故障的识别，该技术就是采用专家系统，实现故障的自动推理，来代替人工。

（2）专家分析系统

智能故障诊断是大数据下机械装备数据处理与故障诊断的发展趋势，利用专家系统等智能识别故障并预测其剩余使用寿命，改变过分依赖诊断专业技术人员的有效途径，是智能制造的关键组成。专家系统由知识库、推理机、数据库组成。推理机是专家系统的关键，CLIPS 是用 C 语言实现的高效产生式系统，因效率高、可移植性强而得到广泛的应用。其构成的专家系统包括：规则、事实、推理。CLIPS 的推理循环可分为四个阶段：模式匹配、冲突消解、激活规则、动作。

总之，基于专家系统的故障分析方法可以实现自动识别，代替人工，具有一定的智能化特点。专家系统的知识库可以随时增减知识，可以满足多种情况的故障诊断，并且不需要修改其他程序，适应性强。远程服务器可以集中处理、分散服务，可以实现公司化运行，提高工作效率，一个远程服务器可以实现对多个公司的服务，特别适合某种产品的全球化管理与服务。专家系统与其他故障分析模型可以很好地结合，只要符合专家系统知识库的格式，就可以实现任意模型的连接。图 4-31 所示的构架可将信息流与管理流分开，将功能适当分解平衡，具有强的适应性。

第 5 章

液压机故障诊断集成方法

　　液压机的故障诊断与性能评估，通常需要多种方法的集成，单纯一种算法很难达到理想效果，多种方法的集成可以优化算法，实现预想效果。集成的方法也非常多，一般是两种方法通过接口互相衔接，或者多种方法的融合，实现对某一种方法的优化。

5.1　基于 CBR-FAT 的液压机故障诊断专家系统构建

　　大型高压液压系统发生故障时，因其工作状态多，涉及的元件多，故障诊断难度大，耗时长，即使同一类型故障，但由于产生的现象不完全相同，也会给故障诊断带来很大的困难，进而影响生产。短周期人造板贴面生产线是目前应用非常广泛的设备，因该生产线的压机属于高压液压设备（工作压力为 26MPa），故障较频繁，每次故障时，诊断时间都大于 8h，另外，技术人员的变动也影响到故障诊断，所以，采用一种先进的故障诊断方法就非常有必要。对于液压故障，故障诊断的方法非常多，近年来智能化故障诊断方法得到广泛的应用。根据公司的情况，考虑到维修成功的案例较多，因此设计一个基于案例的专家系统来实现故障诊断，比较经济方便。

5.1.1　液压机工作原理分析

　　该液压机是数控式的，由 PLC 控制完成，液压机的原理图见图 2-2，其原理是电磁线圈 10YV1（简写 V1，下同）通电，压机提升；电磁阀线圈 V5、V4 通电，压机快降，碰触行程开关 SQ2 时，V5 断电，开始慢降；当触到 SQ3 时 V3 通电，主缸加压，当压力达到电控压力表 10SP2 设定的上限压力时，进入保压阶段，保压时间到了之后 V7 通电，开始了工艺所要求的小卸压，接着

V6 通电，预充阀打开，实现卸荷。

　　压机的工作过程包括压机的下降、加压、保压、泄压、提升等 10 个工作状态。每个工作状态分别对应着不同电磁阀的得电与失电，同时对应着系统不同点的压力变化，这些状态是故障诊断时的重要依据。

　　压机常见的故障主要有异常下滑、压机不提升、不加压、不保压、保压不好等，根据维修经验可知，故障原因主要是密封损坏、阀堵塞、电磁线圈烧坏等，常见故障见表 5-1。

表 5-1　液压机常见故障

故障现象	故障原因	故障现象	故障原因
压机异常下滑	溢流阀 F8 的设定压力太低或者阀的损坏	不加压故障	阀 F6 电磁线圈无电或阀本身损坏
	节流阀与液控单向阀内泄严重		系统溢流阀设定错误或损坏
	提升缸的密封性能变差（发生较多）		预充阀损坏或弹簧损坏
压机不提升	溢流阀 F8 压力设定错误或损坏	保压不好	预充阀、保压单向阀、卸压阀、主缸密封损坏
	提升阀 F2、F3 的线路故障或阀本身损坏		卸压阀的内泄造成压力损失过大（很重要因素）
	预充阀损坏、控制油缸裂口	压机下降很慢	溢流阀损坏，压力太低，使得预充阀打不开
	系统溢流阀 F5 损坏	压力表有跳动	溢流阀损坏

5.1.2　CBR-FAT 总体框架设计

　　专家系统可以将专家的维修思想用智能化语言实现，诊断时只需要查询专家系统，便可以得到比较满意的结果，专家系统可以不断的再学习和完善。目前已经有较多的专家系统得到成功应用。CLIPS 是继 Prolog 之后被广泛使用的人工智能语言。CLIPS 是用 C 语言实现的，因效率高、可移植性强而得到广泛的应用。CLIPS 的推理循环可分为四个阶段：模式匹配、冲突消解、激活规则、动作。CLIPS 推理机重复上述循环，不断地扫描规则的模式，并把匹配成功的规则激活，放入议程（Agenda）之中。故障诊断专家系统主要组成有事实库、推理机、知识库、解释器及人机界面等部分。领域专家的知识一般以规则表示。数据库也称"黑板"，主要用来存储相关领域的事实、数据等信息。推理机是实现专家系统推理的一组程序，是根据数据库的内容，按照某种推理策略，运用知识库的知识完成推理。人机接口一般采用 VC＋＋等语言实现，CLIPS 与 VC＋＋交互环境构建技术比较成熟，不再赘述。

　　基于规则的推理（RBR）广泛应用在专家系统中，因压机液压故障复杂、类型多，存在较多的不确定性经验知识，知识库的规则不能完全表达和预先构建，而案例却是明确性知识的描述，二者互为补充，融合诊断很好地解决压机液压故障诊断问题。其专家系统构成原理如图 5-1 所示。

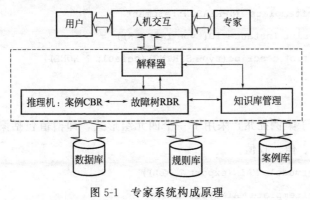

图 5-1　专家系统构成原理

5.1.3 案例及案例表示

案例（CBR）是故障成功诊断的实例，将这些案例按照规则处理后，存入知识库，在新故障出现时，按照某种搜索策略，搜索类似案例，如果匹配成功，则找到故障原因，其实质是基于过去的成功诊断案例和经验。主要包括案例检索（Retrieval）、案例重用（Reuse）、案例修正（Revise）以及案例学习（Retain）等。案例的表示，一般采用多个元组的形式表示，如三元组形式的定义：

```
instance=< BM,FA,CON>
```

其中，BM 表示基本信息，即故障现象及描述、故障发生时间等基本信息。FA 表示案例的特征属性，$FA=\{f1,f2,\cdots,fn\}$ 是非空有限集，表示案例的征兆属性集，包括征兆及权值。CON 表示结论，即故障原因及解决方法。

为了实现推理，对案例进行语法定义，以便让计算机识别。本文采用 deftemplate 定义案例，槽值表示案例号、案例名称、故障描述、发生时间、故障原因、解决措施。定义如下：

先定义一个块 INS-REASON，这样可增加程序的可读性。

```
(defmodule INS-REASON(import MAIN ? ALL)(export ? ALL))
(deftemplate INS-REASON::element
  (slot Instance_ID(type INTEGER))
  (slot describe(type STRING)(default ? NONE))
  ……

    )
```

对于案例征兆，采用了一个四元组形式，即槽值包括案例号、案例名、值、权值。

```
(defmodule MAIN(export ? ALL))
(deftemplate MAIN::attribute
```

```
     (slot NUM)
     (slot name)
  (slot value)
 (slot certainty(default 100.0)))
```

5.1.4 故障树及知识表示

故障树分析法（FTA）是 20 世纪 60 年代发展起来的大型复杂系统的分析方法，其可靠性和安全性好，在故障分析中使用较多。故障树由顶事件、中间事件、底事件组成，中间事件是顶事件的故障现象，底事件是中间事件的故障发生原因。

（1）建立液压故障树诊断

故障树分析首先选定某个故障作为顶事件，然后将该故障的原因逐级分解为中间事件，直到把不能或不需要分解的基本事件作为底事件为止。为说明专家系统的构建，现以"压机不提升故障"为例，说明故障树的 CLIPS 表示方法。压机不提升故障的原因主要有溢流阀故障、提升电磁阀线圈烧坏、提升阀控制线路故障、预充阀故障等。故障推理树诊断示意图见图 5-2。

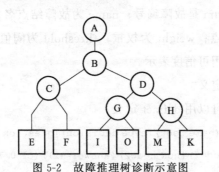

图 5-2　故障推理树诊断示意图

图 5-2 中，各节点代表的含义：

A 为压机不提升故障（用故障代号 fnum 表示）；B 为检查提

升阀 F2、F3 是否得电，指示灯是否亮；C 为检查提升阀 F2、F3 电气线路是否完好，用表测量是否短路和断路；D 为检查系统压力大小，系统溢流阀 F5 设定是否错误，溢流阀是否本身损坏；E 为电磁阀线圈烧坏，请更换；F 为线路损坏，为断路或者短路；G 为检查溢流阀 F8 设定是否错误，溢流阀是否本身损坏；H 为重新调整系统压力或更换溢流阀后是否正常；I 为预充阀的控制油缸裂口或弹簧损坏；K 为故障消除；M 为预充阀的控制油缸损坏；O 为溢流阀 F8 压力设定错误或损坏，需重新调整或更换。

这样构建故障树的优点是，每个故障树就是一个较为完整的诊断实例，不产生组合爆炸问题，同时，所有树之间可以建立链接，可以进行正反向推理，以及各种搜索策略。

（2）知识表示

故障树一般采用基于规则的知识表示，为了便于推理，本文采用了如下定义方法：

(deftemplate N(slot Fnum)(slot name)(slot type)(slot question)(slot yesN)(slot noN)(slot answer)(slot weight)(slot threshold));

其中，Fnum 是故障编号；name 为故障结点名；yesN 表示可信度为 1 的结点；weight 为权重；threshold 为阈值，当故障比较模糊的时候会用可信度表示。

（3）事实定义

事实定义可以用 deffact 定义：

(N(fnum 1)(name root)(type decision)(question"溢流阀的压力是多少?")(yesN node1)(noN node2)(answer nil)(CF 0.7)(weight 0.2)(threshold nil))

（4）VC++侧编程

首先要完成初始化的工作，调用类 OnInitDialog（）实现，主要完成初始化、加载知识库等动作。关键语句如下所示：

```
BOOL MyClipsDlg::OnInitDialog()
{pClips-> CLIPSInit()
CString eFile= "fuledb.txt";
pClips-> CLIPSLoad(eFile);}
```

推理是专家系统按照知识库的规则，从事实库中提取事实，完成推理，关键的语句是：

```
pClips-> CLIPSRun(eFile);
```

加载事实是加载事实库，即将事实文件打开。主要语句是：

```
CString strInitFacts= "factDB.txt";
pClips-> CLIPSLoadFacts(strInitFacts);
```

5.1.5　故障推理

首先输入故障时的状态值，以及故障时的征兆（电磁阀与压力值等），系统会根据工作状态案例确定故障点，同时搜索故障案例库，计算相似度。如果找到，则显示诊断结果，并对新案例进行修正存入案例库，如案例库没有类似案例，则按照规则进行推理，如果找到故障，则进行案例修订后存入案例库，如果规则推理不成功，则需要在知识库中添加新的知识（规则），如图 5-3 所示。

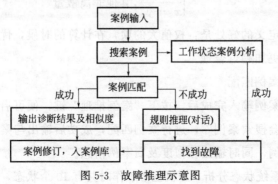

图 5-3　故障推理示意图

(1) 案例输入

案例输入是在人机界面上完成，为了较准确地描述案例，人机界面上采用选项选择输入，案例的组成元素可以选择，也可以增加或减少，每个案例元素都会有描述、值、权值等。对于没有值的元素，编辑框会自动变灰，禁止非法数据输入。

(2) 案例搜索及案例的相似性计算

案例搜索是在 attribute 事实库中进行征兆匹配，为了加快案例的搜索速度，采用了"关键字"案例分类办法，主要思想是：先按照案例名称的关键字搜索，如关键字"提升"，找出关键字所属的案例类，然后在搜索征兆空间完成匹配。实践表明，这样速度明显提升。

案例的相似性采用带权值的 K-近邻策略，若 X 为新案例，Y 是已存在的案例，则相似度可以表示如式(5-1) 所示形式。

$$\text{DIST}(X,Y) = 1 - \sqrt{\sum_{i=1}^{n}\left[W_i\,\text{dist}^2(x_i,y_i)\right]} \qquad (5-1)$$

式中，W_i 是第 i 个特征属性的权值；$\text{dist}(x_i,y_i)$ 的定义如式(5-2)：

$$\text{dist}(x_i,y_i) = \begin{cases} 0, & \text{当新旧案例电磁阀编号相同} \\ 1, & \text{当新旧案例电磁阀编号不同} \\ \dfrac{x_i-y_i}{x_i+y_i}, & \text{其他非离散量} \end{cases} \qquad (5-2)$$

这样定义的好处是：权值大的项，在计算的时候，优势显现更加明显，更加趋近合理。

(3) 案例匹配

当把案例输入完成后，按下"案例推理"键，便可启动案例推理，系统会搜索案例库，进行案例匹配，成功后输出与案例库最为相似的案例，同时输出相似度及旧案例信息。

根据系统状态分析，压机正常工作时共有 10 个状态，每个状态下，电磁阀的动作逻辑和各测点的压力是稳定的，故障时，就表现在电磁阀的动作与压力值的变化上，因此，把故障时的电磁阀动作和压力与正常值相对比，就能较快地发现异常点，如电磁阀损坏。如果按下"状态推理"键，则系统会显示与正常状态的差异点。

　　如某压机在保压完成后，发生了不提升的故障。值班技术员在初步诊断后，启动专家系统，首先输入故障现象及征兆。征兆主要包括：电磁阀 V1～V10 状态和各测点压力。系统共设置了 4 个压力测点，分别在 F5、F7、F8、10SP1 处，其属性值及权值如表 5-2 所示。按下"案例推理"键后的结果如图 5-4 所示。按下"状态推理"键后的结果如图 5-5 所示。

表 5-2　故障征兆属性值及权值

故障参数	V1	V2	V3	V4	V5	V6	V7	V8	V9	V10	P_{F5}	P_{F7}	P_{F8}	P_{10SP1}
属性值	0	0	0	0	0	1	1	1	1	1	0.5	0.42	0.39	0
权值	0	0	0.05	0.05	0.05	0.1	0.1	0.1	0.1	0.1	0.1	0.1	0.1	0.05

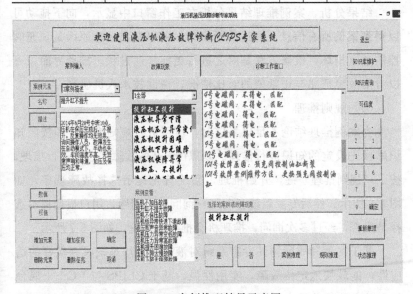

图 5-4　案例推理结果示意图

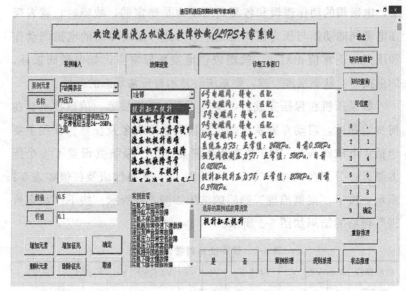

图 5-5　状态推理结果示意图

结果分析，案例推理结果分析在工作窗口中显示，向下拖动可以得到案例所有信息。通过诊断窗口，可以看出故障原因是预充阀控制油缸损坏，维修方法是对之进行更换。通过状态推理界面，可以看出故障征兆与正常值的对比情况，帮助技术人员研判。

（4）规则推理

当案例推理结论不足以采信时，可以进行规则推理，即按照知识库预先设定的知识进行推理。现以图 5-2 的故障推理树进行推理，按下"规则推理"键，开始推理，系统首先提示选择故障现象，如图 5-6 所示。然后专家系统会向用户询问若干问题，用户根据提示选择是或否，经过多次询问，推理机会推导出结论，如图 5-7 所示。

基于案例和故障树的专家系统对液压机液压系统具有较好的适应性，能较快地定位故障，实用性强，基于 CLIPS 与 VC++混合编程的方法简化了专家系统的设计。实践证明，专家系统的应用减小了对技术人员的依赖，同时大大减少了故障诊断时间，带来的效益是明显的。

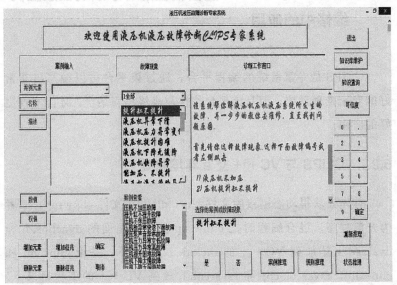

图 5-6　故障选择界面

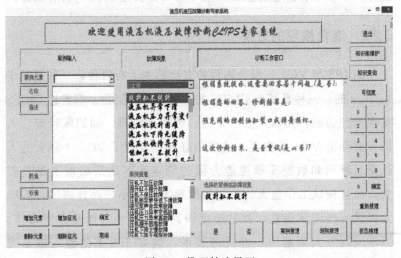

图 5-7　推理结论界面

5.2 CLIPS 与 VC++混合编程的专家系统在液压机维修中的应用

CLIPS是专家系统的编程平台，通过该平台可以编写出非常好的专家推理系统，但是该平台往往与高级语言结合，才能实现更好的应用。

5.2.1 CLIPS 与 VC++交互环境构建

首先要获得动态链接库文件 clips. dll 和类文件 clipwrap，二者为开源程序。混合编程时把 clipwrap 文件夹里面的 dynclips. h 和 dyaload. h 添加到 VC++的 include 文件夹下，并把 clips. dll 和 clips. lib，rsvarcol. cpp 和 rsvarcol. h 放到 VC++的工程目录下。这样，工作环境就建立起来，VC++可以调用 clips 的所有函数。

5.2.2 混合编程的方法

CLIPS 与 VC++混合编程的方法基本上有两种，一种是基于 VC++的，一种是基于 CLIPS 的。二者的区别是，前者让 CLIPS 实现推理功能，而输入输出管理、数据库管理、知识库管理、人机界面都由 VC++实现，这样的好处是发挥了 VC++强大的人机交互界面和数控库操控能力强的特点，不足是编程工作量较大，而且调试工作量大。后者的编程工作量小，而且调试时系统会提供一些调试信息，并且速度快，比较方便，而且方便移植，但该编程方式要解决一些关键技术，如 CLIPS 下的输入输出被 VC++识别的技术。

（1）用 printout 语句处理

在 clips 下，（printout f " "）表示将信息在显示器上显示出来，而 VC++的 edit 编辑框并不能从显示器上获取信息，要在编辑框中显示信息，现在在不改变 printout 语句格式的情况下，使用 dribble-on 语句进行重新定向，如下述语句：

```
(dribble-on"ClipsToVc.txt")
(printout t crlf" "crlf)
(dribble-off)
```

（2）read 语句处理

在 CLIPS 环境下 read 语句默认的是显示终端上获取数据，所以在 CLIPS 下的 read 语句并不能让 VC++识别，使用不当会出现死机现象。许多开发者不得不采用将该语句转换相同功能的高级语言的方法来实现，但使得程序结构变差。现采用 halt 语句解决该问题，方法可用如下语句表示：

```
(printout t ? question"(是 or 否)")
(assert(answer read)))
```

将其拆成两个规则：

```
(printout t ? question"(是 or 否)")
(assert(answer answer1))
(halt))
(defrule answer1
? n< - (answer a1)
=>
(retract ? n)
(assert(answer(ReadFile))))
```

（3）知识表示

前面已经定义了故障的四元组表示，还需要定义一个故障的基本信息的模板，即表示故障 ID、故障描述、故障发生时间、故障

的原因、故障解决等信息。另外，为了实现规则推理，还可以定义
一个故障树表示的模板。

(deftemplate N(slot Fnum)(slot name)(slot type)(slot question)(slot yesN)(slot noN)(slot answer));

其中，Fnum 是故障编号；name 为故障结点名；yesN 表示可
信度为 1 的结点。

（4）事实定义

事实定义可以用 deffact 定义：

(N(fnum 1)(name root)(type decision)(question"溢流阀的压力是
多少?")(yesN node1)(noN node2)(answer nil))

5.2.3　不确定性信息及确定性因子

在故障现象的描述中，描述者并非能准确地确定发生了哪些现
象，有些现象是往往被忽视的，这是专家系统采取不确定性推理的
一个重要因素。为实现不确定性推理，首先要确定知识表示及匹配
算法，如在前件中加入可信度因子和权值。CLIPS 在不确定性信
息处理时，可以采用模糊 CLIPS，本书采用确定性因子的方法实
现不确定性推理。首先定义一个四元组，即故障 ID、对象、属性、
值，然后采用下面模板实现：

(defmodule CF_PROCESS(export ? ALL))

(deftemplate CF_PROCESS::attribute

(slot ID)

(multislot name)

(multislot value)

(slot CF(type FLOAT)

(default 1.0)

(range 0.0 1.0)))

以上模板定义了每个对象的属性，同时也定义了其不确定值，其中用 CF 表示不确定度。如加工尺寸不稳定的故障中，可能是与夹盘的液压压力不稳定有关，这就与减压阀、电磁换向阀、液压泵、溢流阀等元件有关，因此，可以定义每个元件发生故障的确定性因子。在推理中，允许每个对象由不同的规则推理出来，那么组合的不确定性因子的计算方法是：

$$CF = (CF1 + CF2) - (CF1 \times CF2)$$

例如：减压阀故障 CF1 = 0.8，电磁阀线圈烧坏故障 CF2 = 0.3，则组合的 CF 为 0.86。这样处理的方法比较简便，准确度也比较高。具体实现如下：

```
(defrule MAIN::comb-cf""
(declare(salience 9999)
    (auto- focus TRUE))
 ? va1< - (attribute(ID ? id)(name ? rel)(value ? val)(CF ? cf1))
 ? va2< - (attribute(ID ? id)(name ? rel)(value ? val)(CF ? cf2))
(test(neq ? va1 ? va2))
=>
(retract ? va1)
(modify ? va2(cf(- (+ ? cf1 ? cf2)(* ? cf1 ? cf2)))))
```

VC++ 主要完成 CLIPS 的初始化工作、运行推理程序、显示推理结果等。关键语句如下所示：

```
pClips-> CLIPSInit()
CString  eFile="fuledb. txt";
pClips-> CLIPSLoad(eFile);
pClips-> CLIPSRun(eFile);
```

推理的过程是专家系统询问的过程，专家系统会不断地提出一些问题，用户只需要回答是或否，然后专家系统会给出一个结论，如图 5-8 所示。

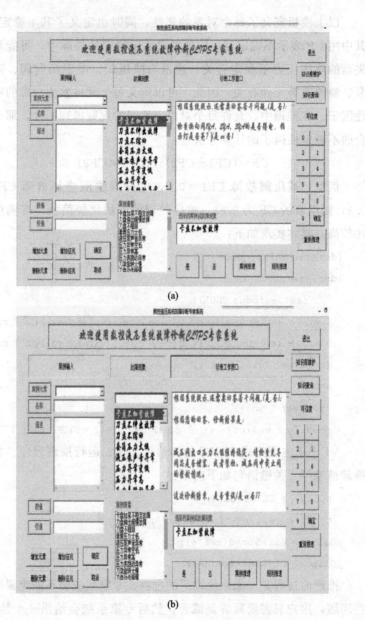

图 5-8   故障选择与推理界面

基于 CLIPS 与 VC++混合编程的方法实现数控机床液压故障诊断专家系统，较好地解决了数控机床液压系统维修中的难题，尤其是减少了对维修技术人员的过度依赖，是对数控机床故障诊断专家系统的重要完善。基于文本交互技术解决了开发过程中遇到的混合编程调试难的问题，具有重要的参考价值。同时，对专家系统开发的方法、不确定度的处理方法、专家系统的开发有一定的参考价值。

5.3　基于 HSMM-SVM 的大型液压机故障诊断方法研究

液压技术已经成为世界各国工业领域的关键技术之一，广泛应用在航空航天、钢材、大型轴承件、核工业、军事、船舶、起吊机、人造板等重工业领域的设备中。液压机实质是一个融机电、液控于一体的系统，控制复杂、故障诊断困难。因其工作状态多、元件多、故障诊断困难、耗时长，因此研究人员从没有停止过其诊断方法的探索。在缺乏故障诊断的有效手段时，技术人员通常采用隔离法、逻辑分析法、元件对换法等进行故障定位，然而即使经验丰富的技术人员也需要较长的时间找到故障。因此，基于数学、信号处理方法早期被广泛应用在液压故障诊断中，如采用卡尔曼滤波实现液压缸漏油故障，采用主元分析的分层理论对液压系统分析等。随着计算机技术发展，近年来智能化故障诊断方法得到广泛的研究。Ahmad Mozaffari 等将混合神经网络应用到油缸故障诊断中，试验表明其优于支持向量机，另外还有如多传感器融合方法、粒子群优化 PSO 优化神经网络诊断方法、T-S 与贝叶斯相结合方法、模糊 petri 网诊断方法、PSO-Elman 神经网络的诊断方法、双层 FSVM 模型的诊断方法、基于 EMD 包络谱分析的液压泵故障进行的诊断方法、petri 网液压马达故障的诊断方法、故障树的专家系统推理机方法等。近年来，基于马尔科夫的方法应用较多，隐马尔科夫（Hidden Markov Model，HMM）是根据概率来预测事物不同状态变化的模型，能够有效地描述随机过程的统计特性，实现模式识别与分类，可用非常少的样本估算出状态改变的概率，是一种有力的统计分析模型，广泛应用在语音识别、手写识别、手势识别、人脸识别中。HMM 模型在液压故障诊断中，在信息缺失的情况下，仍有较好的识别能力，其识别能力优于神经网络，特别适合非平稳、重复再现性不佳的信号分析。

综上所述，马尔科夫不需要精确的数学模型，对特征信息缺乏有非常好的鲁棒性，其具有极强的对动态过程时间序列的建模能力和时序模式分类能力，能够解决随机不确定问题，特别适合非平稳、重复再现性不佳的信号的分析。其对故障状态识别能力优于神经网络且训练所需的样本数要远远小于神经网络，可以解决大型液压机随机故障概率预测模型较难建立的问题，但马尔科夫存在分类精度较低现象，如何提高分类精度，并具有收敛快、能快速找到全局最优值，能适应大型液压机的故障诊断的方法是亟待解决的问题。

5.3.1 识别算法

5.3.1.1 隐半马尔科夫模型

故障诊断可看成是故障分类的过程，是将采集的数据或特征值映射为设备故障类型，基于马尔科夫故障诊断是利用马尔科夫状态概率进行分类。为便于研究，先定义马尔科夫链：设随机序列 $\{X_t\}(t=1,2,\cdots,T)$ 的任意时刻的状态 $S_1,S_2,\cdots,S_N$ 必存在

$P(X_{t+k}=S_j|X_t=S_i)$，即 $t+k$ 时刻的状态 S_j 的概率大小只与它在 t 时刻所处的状态 S_i 有关，而与 t 时刻之前的状态无关，则称随机序列 $\{X_t\}$ $(t=1,2,\cdots,T)$ 为马尔科夫链，当 $k=1$ 时称为齐次马尔科夫链，其基本满足应用要求，故本书采用齐次马尔科夫链。在应用中，实际状态序列不能直接观察，而只能观察到与系统状态相关的观测值，就构成了隐马尔科夫模型 HMM。一般地，HMM 可以简记为 $\lambda=(\pi,A,B)$，其中，π 为初始状态概率向量，A 为状态转移概率矩阵，B 为观测值概率矩阵。HMM 故障诊断的基本方法是，对采集的数据进行特征向量提取，然后对每一种正常状态及故障各训练一个 HMM，构建形成一个模型库 $\{\lambda\}_{i=1}^{N}$（N 为状态数）。当故障诊断时，根据特征向量及模型库，采用 Baum-Welch 算法计算出某故障出现的概率 $P(O|\lambda_i)$。在实践中发现，HMM 故障诊断受多观测值的影响，其准确度低于支持向量机 SVM 的分类准确度，因此在 HMM 基础上，增加了一项描述状态驻留时间分布的参数 $p(j,d)$，构成了隐半马尔科夫 HSMM，HSMM 同样需要解决评估问题、解码问题、训练问题。

HSMM 采用 $\lambda=[N,M,\pi,A,B,p(j,d)]$ 表示。每个 HSMM 仍包括状态序列和观测值序列。在 t 时刻，每个 HSMM 的观测值只与该时刻的状态有关，状态与自身 $t-1$ 时刻的状态有关。

因为需要求出在一组观测值 $O=[o^1,o^2,\cdots,o^T]$ 以及模型 λ 下状态发生的概率，就需要求出 $P(O|\lambda)$，设 $\partial_t(i)$ 为初始状态到 t 时刻的观测值和 t 时刻模型处于状态 S_i 的联合概率，即 $\partial_t(i)=P(O_{1:t}^c,q_t=S_i|\lambda)$，根据向前算法可得：

$$P(O|\lambda)=\sum_i \partial_t(i) \tag{5-3}$$

设 $\beta_t(i)$ 为 t 时刻模型在状态 S_i 下从 $t+1$ 时刻到最终时刻的观测值的联合概率，即 $\beta_t(i)=P(O_{(t+1):T}^c|q_t=S_i,\lambda)$，根据先后

算法可得：

$$P(O \mid \lambda) = \sum_i \partial_t(i)\beta_t(i) \tag{5-4}$$

在实际应用时，为增加模型的鲁棒性和稳健性，经常采用多个观测样本训练 HSMM，这时则有：

$$P(O \mid \lambda) = \prod_{k=1}^{K} P(O^{(k)} \mid \lambda) \qquad (O^{(k)} = \{o_1^{(k)}, o_2^{(k)}, \cdots, o_T^{(k)}\}) \tag{5-5}$$

这时，可以得到 HSMM 模型的参数估计公式，其中状态转移重估公式为：

$$\overline{\partial_{ij}} = \frac{\sum\limits_{k=1}^{K}\sum\limits_{t=1}^{T}\xi_{t,t+d}(i,j)}{\sum\limits_{k=1}^{K}\sum\limits_{t=1}^{T}\sum\limits_{i=1}^{N}\sum\limits_{j=1}^{N}\xi_{t,t+d}(i,j)} \tag{5-6}$$

其中，$\xi_{t,t+d}(i,j) = \dfrac{\partial_t(i)a_{ij}\sum\limits_{d=1}^{t}\beta_{t+d}^{(k)}(j)p(j,d)\prod\limits_{s=t+1}^{t+d}b_j(o_s^{(k)})}{P(O^{(k)} \mid \lambda)}$

$b_j(o_s^{(k)})$ 为输出概率密度函数，其估计值为：

$$\overline{b_j(o_k)} = \sum_{g=1}^{G}\overline{\omega_{jg}} \times N(o_k, \overline{\mu_{jg}}, \overline{U_{jg}}) \tag{5-7}$$

其中权值为：

$$\overline{\omega_{jg}} = \frac{\sum\limits_{k=1}^{K}\sum\limits_{t=1}^{T}\sum\limits_{d=1}^{t-1}\gamma_t^d(j,g)}{\sum\limits_{k=1}^{K}\sum\limits_{g=1}^{G}\sum\limits_{t=1}^{T}\sum\limits_{d=1}^{t-1}\gamma_t^d(j,g)}$$

均值重估公式为：

$$\overline{\mu_{jg}} = \frac{\displaystyle\sum_{k=1}^{K}\sum_{t=1}^{T}\sum_{d=1}^{t-1}\gamma_t^d(j,g)\sum_{s=t-d+1}^{t}o_s^{(k)}}{\displaystyle\sum_{k=1}^{K}\sum_{t=1}^{T}\sum_{d=1}^{t-1}\gamma_t^d(j,g)}$$

方差重估公式为：

$$\overline{U_{jg}} = \frac{\displaystyle\sum_{k=1}^{K}\sum_{t=1}^{T}\sum_{d=1}^{t-1}\gamma_t^d(j,g)\sum_{s=t-d+1}^{t}[o_s^{(k)}-\mu_{jg}][o_s^{(k)}-\mu_{jg}]^T}{\displaystyle\sum_{k=1}^{K}\sum_{t=1}^{T}\sum_{d=1}^{t-1}\gamma_t^d(j,g)}$$

$$(5-8)$$

其中：

$$\gamma_t^d(j,g) =$$

$$\frac{\displaystyle\sum_{i=1}^{N}\partial_{t-d}^{(k)}(i)a_{ij}p_j(d)\beta_t^k(j)\sum_{s=t-d+1}^{t}\omega_{jg}N(o_s^{(k)},\mu_{jg},U_{jg})\prod_{k=t-d+1}^{t}b_j(o_k^{(k)})}{P(O^{(k)}\mid\lambda)}$$

5.3.1.2　支持向量机基本模型

SVM 采用结构风险最小化思想，能把非线性转换到高维的特征空间，用高维空间中的线性判别函数实现低维空间的非线性分类，这样在高维特征空间的线性回归就对应于低维空间的非线性回归。SVM 总能找到一个最优分类超平面，而且使得超平面两侧的空白区域最大化，实现分类的最优。

SVM 参数的取值影响其学习能力和泛化能力，因此，确定参数取值是 SVM 的一个重要研究内容。对于 RBF 核函数的 SVM，参数包括调整参数 C、核宽度 σ 和不敏感数 ε。调整 SVM 参数，可以使得其具有非常强的学习能力及泛化能力。

5.3.1.3　HSMM-SVM 模型故障诊断框架

HSMM-SVM 模型主要是通过建立故障诊断模型，通过振动、噪声、流量、压力、温度、电磁阀开关量、控制电流或电压等，提取故障征兆，通过模型实现故障诊断。数据采集主要包括液压系统中压力、流量、电磁阀动作逻辑、限位开关动作、比例伺服阀的参数等信息，最后采用 HSMM-HMM 进行诊断。在故障诊断时，需要对每一种状态训练一个 HSMM-SVM，同时还要训练故障状态，但故障数据获取困难，并非所有故障都有数据。因而项目采用了"似然模型库"，即构建一个可能发生的故障模型，然后用原理分析数据、历史故障数据或者类似设备得到训练数据，并用该数据进行训练模型，当故障发生时，系统采用自学习方法，用实际得到的数据修正"似然模型"，逐步完善故障模型库。在实践中，大多的故障状态与正常状态有密切的关系，某些故障总是在某个正常状态下发生的，因此，系统构建了状态因子参数，用来修正特定故障的观察概率矩阵。诊断流程如图 5-9 所示。

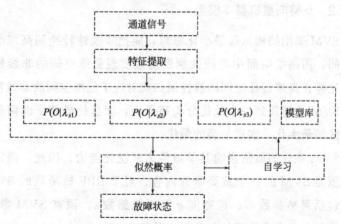

图 5-9　基于 HSMM-SVM 故障诊断流程

5.3.1.4 HSMM 与 SVM 融合方法

对于 HSMM 与 SVM 融合的方法，可以采用串联、并联、嵌入等方式，如图 5-10 所示。

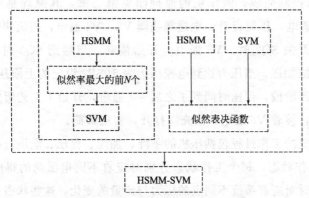

图 5-10 HSMM-SVM 融合方法示意图

在串联混合模式中，HSMM 计算出每一种状态的似然率，然后对所有的似然率进行排序，取前 N 个似然率的值（其他的似然率是明显可区分的），对这 N 个似然率再通过 SVM 进行分类，如果当 HSMM 的最大似然率对应的类编号与 SVM 分类的结果一致时，可认为结论是正确的，否则需要根据判别函数，决定哪个分类结果更加合理。对于并联模式，HSMM 与 SVM 分别对立运行，对分类出的结果，需要似然表决函数进行投票决定哪个结果更加合理。最复杂的是 HSMM 与 SVM 的嵌入式算法，需要将 SVM 嵌入到 HSMM 中，然后采取向前向后、模型参数估计等进行论证。

5.3.2 采用 HSMM-SVM 模型的液压机故障诊断实验

液压机的工作状态有多种，且在不同状态之间不断转换，如果某一个液压元件损坏，就会中断工作状态的转换，进入故障状态。基于隐半马尔科夫的液压故障诊断解决的关键问题就是要给出正常状态进入故障状态的概率大小，同时能预测发生故障的液压元件，帮助维修人员查找故障源。为说明故障诊断工作机理，现以广泛使用的 Q3104 型贴面设备液压机为例说明。该液压机由 PLC 控制完成，液压机的原理图见第二章，其原理是电磁线圈 V1 通电，压机提升；电磁阀线圈 V5、V4 通电，压机快降，碰触行程开关 SQ2 时，V5 断电，开始慢降；当触到 SQ3 时 V3 通电，主缸加压，当压力达到电控压力表 10SP2 设定的上限压力时，进入保压阶段，保压时间到了之后 V7 通电，开始了工艺所要求的小卸压，接着 V6 通电，预充阀打开，实现卸荷。

压机的工作过程包括压机的下降、加压、保压、泄压、提升等10 个工作状态。每个工作状态分别对应着不同电磁阀的得电与失电，同时对应着系统不同点的压力与流量的变化，这些状态是故障诊断时的重要依据。液压机工作时，便会在 10 个正常状态下往复运行，当某个元件出现问题时，便会进入到故障状态。液压机常见的故障主要有异常下滑、压机不提升、不加压、不保压、保压不好等，故障原因主要是密封损坏、阀堵塞、电磁线圈烧坏等，如图 2-2 所示液压系统的不加压故障出现时，最常见的是预充阀阀杯破裂，液压油通过破口处回到油箱，这时相应采集点处的压力为 0.4～0.6MPa，而相关流量采集点处的流量达到 60～100L/min，用这个数据训练，便可以得到理想的模型 λ_i，训练完成的模型就可以进行故障诊断。对于任意测试数据 O，分别计算不同状态的似然概率 $P(O|\lambda_i)$，$i=\{S_i\}$，然后根据概率进行类型判断。

现采集了四类状态数据（包括故障数据），每一类用 20 个数据进行训练，用 40 个数据进行验证，首先采用 HSMM 方法进行训练与验证，图 5-11 为四类状态数据共 160 组测试数据得到的似然概率图。图 5-12～图 5-15 为每一类 40 个状态数据的似然概率图。图 5-16 为采用 HSMM 的识别率示意图。

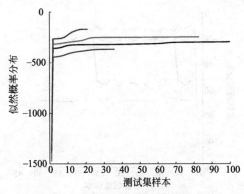

图 5-11 四类状态数据的似然概率图

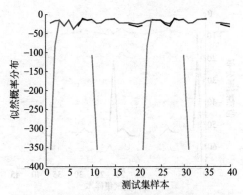

图 5-12 第一类状态数据的似然概率图

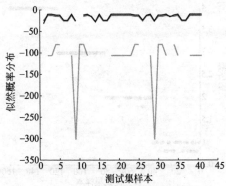

图 5-13 第二类状态数据的似然概率图

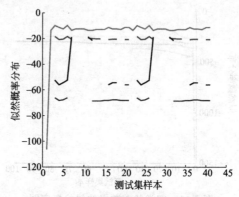

图 5-14 第三类状态数据的似然概率图

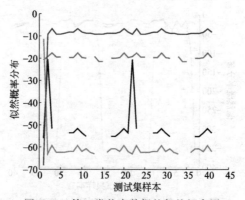

图 5-15 第四类状态数据的似然概率图

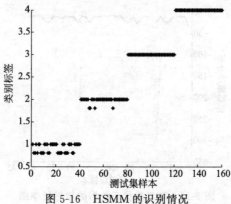

图 5-16 HSMM 的识别情况

由图 5-12～图 5-15 可以看出每一类数据的分类情况，其中在图 5-12 中，每条概率曲线相互交叉，说明故障分类数据出现了错误。图 5-14、图 5-15 每条似然曲线有着明显的区分，所以分类精度较好。可以看出，HSMM 的分类精度与数据的采集精度、特征值的选择有较大的联系。结合图 5-16 的识别情况，HSMM 总的识别率为 86.88%，分类错误主要出现在第一类与第二类的数据中。

图 5-17 为采用 SVM 的分类情况，分类精度为 94.37%，可以看出，SVM 分类的精度优于 HSMM，通过图可以看出，SVM 识别错误最多的却是第四类，与 HSMM 不同，需要说明的是，SVM 的分类与参数 c、参数 g 相关，并受该参数的影响较大，所以粒子群 PSO 算法进行参数的优化，可以明显提升分类精度，但速度变慢。图 5-18 为采用 HSMM-SVM 下的识别率（99.4%），可以看出，采用该模型可以明显提升识别率。

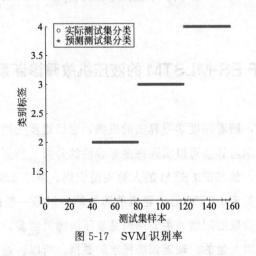

图 5-17　SVM 识别率

HSMM 仍需要解决评估问题、解码问题、训练问题，在采用 HSMM 进行故障分类时，所需要的训练样本数量较少，有较好的鲁棒性。SVM 在故障分类中，在样本类别较少的情况下，识别精度优于 HSMM，但其分类精度受参数 c、参数 g 的影响较大。HSMM-SVM 是将二者的结合，其分类能力都好于单独时的分类精度。

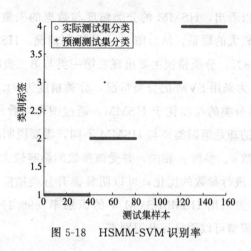

图 5-18　HSMM-SVM 识别率

5.4　基于 ES-MLSTM 的液压机故障诊断系统设计

近年来，随着深度学习算法的成熟，它已逐步应用到故障诊断领域。深度学习算法可以实现许多非线性的分类、预测等，并且有较高的精度，如基于 LSTM 的人脸表情识别、基于 LSTM 的轴承故障诊断、基于 LSTM 的水轮机故障检测。但是一般的深度模型存在识别率较低的问题，主要原因是液压故障类型多，单纯的学习模型无法解决大量的、缺乏训练样本的数据。所以，通过发挥专家系统强大的推理能力与深度学习的学习机制，及专家系统管理多参数的深度学习模型，实现灵活的液压故障诊断，二者互为补充，通过融合诊断，解决压机液压故障诊断难的问题。

5.4.1　试验设备与数据采集

试验采用应用广泛的人造板贴面液压机，如图 2-2 所示，其工作过程是：压机提升→进料→快降→慢降→加压→保压→泄压→提升。其基本原理是阀 F1 的电磁线圈 10YV1 通电，液控阀打开，电磁线圈 10YV5、10YV4 通电，压机开始下落，当碰到行程开关 SQ2 时，快降电磁线圈 10YV5 断电，开始慢降。当接触到 SQ3 时，10YV3 通电，主缸开始加压，此时 10YV2 通电，保证了工艺要求的压力上升曲线。当压力达到电控压力表 10SP2 设定的上限压力时，进入保压阶段，保压时间到了之后，10YV7 通电，开始了工艺所要求的小卸压。接着 10YV6 通电，预充阀打开，实现全部卸荷。

液压机系统的液压回路复杂、故障点隐蔽、故障形式多，液压系统的故障或者性能变化都通过压力、流量、位移、温度、声音、振动等各种形式表现。其中，液压压力可以表征大多数的液压故障，压力测量装置容易安装、成本低，现以压力为主要信号进行研究。

信号采集设备采用的是 8 通道、16 位的 NI9203 液压压力采集卡，共采集 9 路液压压力信号，输出 4～20mA 电流信号，采样率为 1000，通道灵敏度为 0.64。同时，配有 4 槽 cDAQ-9185 机箱，机箱配有工业以太网接口，上位机通过 NI 公司的 MAX 软件接受测量信号，并通过 Labview 编程实现信号的采集。通过远程串口模块采集 13 个电磁阀的通电断电信号，通电为 1，断电为 0，这样形成了 22 维的特征信号。系统共采集了 12 类故障状态信号，每类状态信号包括 170 个数据，共 2040 个数据。

（1）压力信号采集点设计

压力信号采集点的设计是按照"通道原则"，即对液压系统中，每一条重要的压力通道设计一个采集点。通过对每个通道压力的测量，可以覆盖每个液压阀的工作，如果液压阀出现故障，都会以液压压力的形式反映出来。

（2）数据清洗

液压数据的采集是实时的，在采集的过程中，会出现信号丢失或者不同状态间的液压冲击等，所以对数据的清洗处理是重要的环节。数据清洗主要包括压力噪声的处理、不完整数据的处理、错误数据的处理、重复数据的处理、不一致性的数据处理等。

① 压力噪声的处理。在压力信号的采集过程中，状态切换过程中容易出现液压冲击、信号干扰等现象，使得信号含有大量噪声，所以对采集的数据进行数字滤波，滤波采用均值方法，如式(5-9)。并采用峭度因子进行液压冲击信号检测，如式(5-10)。当 K 大于 4 时，采集的值被舍弃。

$$\overline{X} = \frac{1}{N} \sum_{i=1}^{N} x_i \tag{5-9}$$

$$K = \frac{\frac{1}{N} \sum_{i=1}^{N} (|x_i| - \overline{X})^4}{\left(\sqrt{\frac{1}{N} \sum_{i=1}^{N} x_i^2}\right)^4} \tag{5-10}$$

式中，$\overline{X}$ 为均值；x_i 为同特征的几个特征值；K 为无量纲峭度因子。

② 不完整数据的处理。对于采集的液压压力信号缺失，可以采用式(5-11) 概率估计计算。

$$\hat{v}_p = \frac{1}{N} \sum_{i=1}^{M} (|x_i|) | F = F_p \tag{5-11}$$

式中，$\hat{v}_p$ 为被估计特征值；F_p 为被估计特征名称；M 为采集信号的范围，它是指采用专家系统根据 F_p 搜索出所有已采集特征值，并取 M 个进行计算。

③ 错误值的检测及解决方法。利用专家系统的规则可以方便地实现错误数值的检测，在知识库中设置了每个数据的极限值，对

于超出极限的部分进行处理。

④ 重复记录的检测及消除方法。数据库中属性值相同的记录被认为是重复记录，采用 Cosine 相似度函数检测，如式（5-12）所示，余弦值越接近 1，表明两个向量越相似。

$$\cos\theta = \frac{\sum_{i=1}^{n}(\boldsymbol{x}_i \times \boldsymbol{y}_i)}{\sqrt{\sum_{i=1}^{N}\boldsymbol{x}_i^2}\sqrt{\sum_{i=1}^{N}\boldsymbol{y}_i^2}} \tag{5-12}$$

式中，$\boldsymbol{x}_i$ 为知识库中的特征向量；$\boldsymbol{y}_i$ 为刚采集的特征向量。

5.4.2　识别算法

（1）LSTM 结构及向前向后传播算法

LSTM 是长短期记忆学习网络，是深度学习中重要的模型，LSTM 设计了一个记忆单元，每个记忆单元包括三种门，分别是遗忘门、输入门、输出门，每个门都采用一个激活函数，用来控制各门信息传输，激活函数采用了 sigmoid 函数。LSTM 的结构如图 5-19 所示。

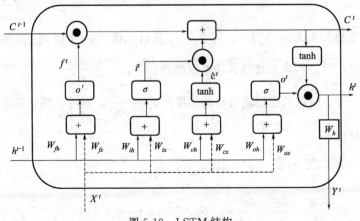

图 5-19　LSTM 结构

遗忘门是控制上一层隐藏细胞需要保留的信息，其输出用 f^t 表示，输入门 i^t 是控制细胞状态 C^t 的信息，输出门控制输出信息，向前传播算法如式(5-13)：

$$\begin{cases} f^t = \sigma(W_{fh}h^{t-1} + W_{fx}x^t + b_f) \\ i^t = \sigma(W_{ih}h^{t-1} + W_{ix}x^t + b_i) \\ C^t = \tanh(W_{ch}h^{t-1} + W_{cx}x^t + b_c) \\ C^t = f^t \odot C^{t-1} + i^t \odot C^t \\ o^t = \sigma(W_{oh}h^{t-1} + W_{ox}x^t + b_o) \\ h^t = o^t \odot \tanh(C^t) \\ y = \sigma(W_h h^t + b_h) \end{cases} \tag{5-13}$$

式中，$\odot$ 为 Hadamard 积；W_{fh}，W_{fx}，W_{ih}，W_{ix}，W_{ch}，W_{cx}，W_{oh}，W_{ox} 为权值；b_f，b_i，b_c，b_o 为偏置值；h^{t-1} 为上时刻的输出信息；x 为当前的输入信息；C^t 为当前单元的输出；C^{t-1} 为上次的单元输出值。

设时刻 t 时的损失函数为：$E^t = \dfrac{1}{2}(y_d - y^t)^2$，则某一个样本的总损失为 $E = \displaystyle\sum_{t=1}^{T} E^t$，其中，$y_d$ 为目标值；y^t 为时刻 t 时网络的输出值。则向后传播算法可以推导如下：

令 t 时刻的隐层输出 h 的梯度为 $\delta_h^t = \dfrac{\partial E}{\partial h^t}$，则可以得到各个门的梯度：

$$\delta_o^t = \frac{\partial E}{\partial h^t} \odot \frac{\partial h^t}{\partial o^t} = \delta_h^t \odot \tanh(c^t)$$

$$\delta_c^t = \frac{\partial E}{\partial c^t} = \frac{\partial E}{\partial h^t} \odot \frac{\partial h^t}{\partial c^t} = \delta_h^t \odot o^t \odot [1 - \tanh^2(c^t)] + \delta_h^{t+1} \odot f^{t+1}$$

$$\delta_i^t = \frac{\partial E}{\partial c^t} \odot \frac{\partial c^t}{\partial i^t} = \delta_c^t \odot c^t$$

$$\delta_{\widetilde{c}}^t = \frac{\partial E}{\partial c^t} \odot \frac{\partial c^t}{\partial \widetilde{c}^t} = \delta_c^t \odot i^t$$

$$\delta_f^t = \frac{\partial E}{\partial c^t} \odot \frac{\partial c^t}{\partial f^t} = \delta_c^t \odot c^{t-1}$$

$$\delta_{c^{t-1}}^t = \frac{\partial E}{\partial c^t} \odot \frac{\partial c^t}{\partial c^{t-1}} = \delta_c^t \odot f^t \qquad (5\text{-}14)$$

误差反向传递时 $t-1$ 时刻的误差为：

$$\delta_{h-1}^{t-1} = \frac{\partial E}{\partial h^{t-1}} = \frac{\partial E}{\partial h^t} \times \frac{\partial h^t}{\partial h^{t-1}} = \delta^t \frac{\partial h^t}{\partial h^{t-1}}$$

$$\frac{\partial h^t}{\partial h^{t-1}} = \frac{\partial h^t}{\partial c^t} \times \frac{\partial c^t}{\partial f^t} \times \frac{\partial f^t}{\partial in_f^t} \times \frac{\partial in_f^t}{\partial h^{t-1}} + \frac{\partial h^t}{\partial c^t} \times \frac{\partial c^t}{\partial i^t} \times \frac{\partial i^t}{\partial in_i^t} \times \frac{\partial in_i^t}{\partial h^{t-1}} +$$

$$\frac{\partial h^t}{\partial c^t} \times \frac{\partial c^t}{\partial \widetilde{c}^t} \times \frac{\partial \widetilde{c}^t}{\partial in_{\widetilde{c}}^t} \times \frac{\partial in_{\widetilde{c}}^t}{\partial h^{t-1}} + \frac{\partial h^t}{\partial o^t} \times \frac{\partial o^t}{\partial in_o^t} \times \frac{\partial in_o^t}{\partial h^{t-1}}$$

$$\delta_{h-1}^{t-1} = \delta_f^t W_{fh} + \delta_i^t W_{ih} + \delta_{\widetilde{c}}^t W_{ch} + \delta_o^t W_{oh}$$

$$(5\text{-}15)$$

反向传播的终极目标是为了计算梯度，更新参数，所以要计算损失函数对 W 与 b 的偏导数，可得到：

$$\frac{\partial E}{\partial W_{fh}^t} = \delta_f^t h^{t-1}, \frac{\partial E}{\partial W_{ih}^t} = \delta_i^t h^{t-1}, \frac{\partial E}{\partial W_{ch}^t} = \delta_{\widetilde{c}}^t h^{t-1}, \frac{\partial E}{\partial W_{oh}^t} = \delta_o^t h^{t-1},$$

$$\frac{\partial E}{\partial W_{fx}^t} = \delta_f^t x^t, \frac{\partial E}{\partial W_{ix}^t} = \delta_i^t x^t, \frac{\partial E}{\partial W_{cx}^t} = \delta_{\widetilde{c}}^t x^t, \frac{\partial E}{\partial W_{ox}^t} = \delta_o^t x^t, \frac{\partial E}{\partial b_o^t} = \delta_o^t,$$

$$\frac{\partial E}{\partial b_f^t} = \delta_f^t, \frac{\partial E}{\partial b_i^t} = \delta_i^t, \frac{\partial E}{\partial b_c^t} = \delta_{\widetilde{c}}^t \qquad (5\text{-}16)$$

然后计算损失函数对权值的偏导数，对于整个样本，梯度是所有时刻的和，则有：

$$\begin{cases} \dfrac{\partial E}{\partial W_{ih}} = \sum_{j=1}^{t} \delta_i^j h^{j-1} \\[2mm] \dfrac{\partial E}{\partial W_{fh}} = \sum_{j=1}^{t} \delta_f^j h^{j-1} \\[2mm] \dfrac{\partial E}{\partial W_{ch}} = \sum_{j=1}^{t} \delta_{\tilde{c}}^j h^{j-1} \\[2mm] \dfrac{\partial E}{\partial W_{oh}} = \sum_{j=1}^{t} \delta_o^j h^{j-1} \end{cases} \quad \begin{cases} \dfrac{\partial E}{\partial b_f} = \sum_{j=1}^{t} \delta_f^j \\[2mm] \dfrac{\partial E}{\partial b_i} = \sum_{j=1}^{t} \delta_i^j \\[2mm] \dfrac{\partial E}{\partial b_c} = \sum_{j=1}^{t} \delta_{\tilde{c}}^j \\[2mm] \dfrac{\partial E}{\partial b_o} = \sum_{j=1}^{t} \delta_o^j \end{cases} \tag{5-17}$$

LSTM 是根据其当前输出值与目标值的误差，通过不断调节遗忘门、输入门、输出门的权值，直至误差达到设计要求。

(2) ESLSTM 识别结构设计

因为液压机的故障库不断的扩展，如果采用一个 LSTM 结构进行训练，识别率随故障库的增加而下降，为提高识别率，在采用同一个 LSTM 结构的情况下，为一个或几个故障建立参数集模型，形成 MLSTM。在 MLSTM 中，每一个模型的输入节点、隐层节点、全连接层节点保持不变，但是模型的其他参数不同，在识别的时候，专家系统会根据筛选的样本范围，确定所需的模型，并把该模型的参数进行加载，这样大大地提高了准确度，节约了计算时间。系统的总体设计如图 5-20 所示。

(3) 专家系统设计与推理

专家系统可以将专家的经验用智能化语言实现，广泛应用在故障诊断、辅助设计、专家咨询等方面。专家系统通过不断地再学习进一步完善。专家系统主要由事实库、推理机、知识库、解释器及人机界面组成。推理机是实现专家系统推理的一组程序，是根据某种推理策略，不断扫描知识库，寻找匹配的规则，一旦匹配成功后，对其激活，然后再查询下一个规则，如此循环，实现推理。液压机故障诊断的专家识别算法包括液压故障特征的语义定义、知识

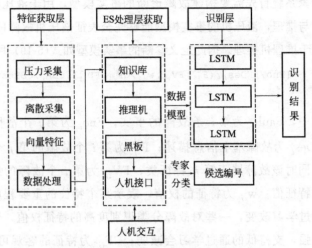

图 5-20　项目总体方案设计示意图

表示与推理机的设计。采用的专家系统是 CLIPS，CLIPS 是基于产生式的系统，它效率高、可移植性强。CLIPS 构成的专家系统包括：规则、事实、推理。

5.4.3　液压机专家系统故障诊断模型

设液压机故障特征向量组成为 $\boldsymbol{F}$，如式（5-18）所示。

$$\boldsymbol{F}_i = \{\boldsymbol{F}_{ij}^{c1}, \boldsymbol{F}_{ij}^{c2}, \cdots, \boldsymbol{F}_{nm}^{ck}\} \tag{5-18}$$

式中，$\boldsymbol{F}_{nm}^{ck}$ 为特征向量，其中 i 表示故障编号，共有 n 条，j 为该故障特征的编号，共有 m 个特征；c 为故障特征的类别编号，即把故障特征向量可以按照其性质分成若干个类，共有 k 类，每一个类中包括若干个特征，每一个特征都有一个编号。常见的特征可以分为电磁阀动作逻辑类特征、压力流量过程类特征、振动信号类特征、温度类特征等类型，一般特征越多，可以表征故障的能力越强，但对算法要求较高。

专家系统首先需要构建故障诊断的事实模型，用于液压机故障的表征与推理，液压机的事实模型能够完全表征液压机故障的特征，并且便于推理机推理。据此定义诊断的事实模型如式(5-19)所示：

$$\text{Fault}_i = \{\text{Fno}_i, \text{FDes}_i, (F_{ij}^{ck}, \text{FV}_{ij}, w_{ij}, \text{CF}_{ij}, \text{FD}_{ij}), \text{CBR}_i, \text{CBResult}_i\}$$

$$(5\text{-}19)$$

式中，Fault_i 为第 i 条故障的事实；Fno_i 为第 i 个故障的编号；FDes_i 为故障基本信息描述；F_{ij}^{ck} 为第 i 个故障的第 j 个特征名称，同时该故障属于第 k 特征类；FV_{ij} 为第 i 个故障的第 j 个特征的特征值；w_{ij} 为特征的权值，表示某个特征的重要程度，其大小通过学习改变，一些对故障分类识别度高的特征权值，通过学习而加强，支持低的通过学习会减弱；CF_{ij} 为特征的客观可信度，表示某个特征客观存在的特征，是由领域专家确定；FD_{ij} 为特征的文字描述，便于知识库的维护；CBR_i 为案例属性值，该值默认是 0，表示该故障不是一个实例（案例），如果是一个大于 0 的数值，表示目前该事实是一个曾经发生过的案例，其值表示案例编号，如果是某一个案例，则系统直接给出案例结果，不需要后续推理以及 LSTM 的预测处理，进而节约时间成本；CBResult_i 为案例的诊断信息描述。

建立故障的事实模型后，就可以用来表征故障，在专家系统中，"事实"以知识的形式存储在物理介质中，如果推理的话，还要建立推理的知识表示形式，如式(5-20)：

$$\text{IF} \ \{\text{Fno}_i, \text{FDes}_i, (F_{ij}^{ck}, \text{FV}_{ij}, w_{ij}, \text{CF}_{ij}, \text{FD}_{ij}), \text{CBR}_i, \text{CBResult}_i\}$$
$$\text{THEN} \ \{(\text{FNum}_i, \text{FaultReslt}_i), i = 1, 2, \cdots, n; j = 1, 2, \cdots, m\} \quad (5\text{-}20)$$

式中，FNum_i 为故障编号，也就是在知识库中，每一条故障数据都有一个唯一的编号；n 为故障状态数量；m 为某一个状态的特征数；FaultReslt_i 为故障诊断结果，即故障发生的原因、维修方法等。

5.4.4　数据化简

通过测试发现，当只采用压力数据的时候，LSTM 的预测精度会有较大地提高，并且可以减轻算法的时间开销。分析液压机特征向量发现，液压机的工作状态与液压机电磁阀通断信号、限位开关得失电等开关量有关。所以在某种状态下，即开关量信号确定时，液压机会处于某一个稳定的压力状态。不同的故障，各测点的压力不同，因此，通过专家系统根据开关量信号，推理出所有与其对应的压力状态值，然后用这个压力状态值给 LSTM 预测，可以提高精度。为实现特征向量的化简，用专家系统设计化简的知识模型，如下式：

$$\text{IF}\quad \{\text{Fno}_i, F_{ij}^{ck}\}$$

$$\text{THEN}\quad \{(\text{FNum}_i, F_{ij}^{cp}, \text{FV}_{ij}, w_{ij}, \text{CF}_{ij}, \text{FD}_{ij}, \text{FaultReslt}_i), i=1,2,\cdots,n;$$
$$j=1,2,\cdots,m\} \tag{5-21}$$

专家系统会根据 F_{ij}^{ck} 类故障名称推理出 F_{ij}^{cp} 类故障及其权值、可信度等信息。该化简是基于知识的化简方法，与卷积神经网络（CNN）、最大池化方法不同，是精确的化简，没有信号损失，并且执行速度快，效率高。

5.4.5　多模型管理

对于深度学习网络 LSTM 会产生多个参数集，每个参数集负责对应的数据预测与分类，随着故障库的增加，参数集会不断地增加，对参数集的管理分配就至关重要，利用专家系统的强大推理能力，设计参数集管理的知识模型，如下式：

$$\text{IF}\quad \{\text{Fno}_i, \text{MODULE}\}$$

$$\text{THEN}\quad \{(\text{FNum}_i, \text{ParameterSet}\{\}_i), i=1,2,\cdots,n\} \tag{5-22}$$

推理机根据故障编号以及 MODULE 关键词就可以搜索出对应的 LSTM 的参数集。

5.4.6 联合推理及故障判别

构建完成知识模型后，就需要设计专家系统的推理机，推理机设计是专家系统的核心环节。推理机主要完成特征值的简化，故障的推理，LSTM 模型参数的确定等。推理机的决策过程如下：

(1) 特征化简

用式(5-21) 的规则，专家系统根据电磁阀特征向量推理出对应的压力特征向量，用于训练 LSTM 模型。

(2) LSTM 训练

根据 (1) 得出的压力特征，以及对应的故障标签对 LSTM 进行训练。通常 LSTM 对故障的训练样本需求较少，每一个或者两个训练样本抽取一个参数集，保存到知识库中，以便于在预测分类的时候使用。这样便形成了多个参数集的神经网络 MLSTM。

(3) 启动数据采集

如果这时采集系统采集到一组特征，特征名称为 $F = \{F_1, F_2, F_3, \cdots, F_m\}$（$m$ 是特征的数量，下同），特征值为 $V = \{V_1, V_2, V_3, \cdots, V_m\}$。

(4) 特征匹配与参数获取

推理机搜索知识库，根据式(5-20) 的规则进行参数匹配，推理机会根据特征名称，获取知识库中事实的特征参数，这里假设搜索到知识库中的第 k 条事实，推理机便获取了该事实的特征值为 $\mathrm{DV}(k) = \{\mathrm{DV}(k)_1, \mathrm{DV}(k)_2, \cdots, \mathrm{DV}(k)_m\}$、权重 $\mathrm{DW}(k) = \{\mathrm{DW}(k)_1, \mathrm{DW}(k)_2, \cdots, \mathrm{DW}(k)_m\}$、客观可信度 $\mathrm{DCF}(k) = \{\mathrm{DCF}(k)_1, \mathrm{DCF}(k)_2, \cdots, \mathrm{DCF}(k)_m\}$、案例 CBR 等参数。如果搜索到的 CBR 参数不为零，说明该故障知识为某一个案例事实，这时则给出案例详

细信息，并终止搜索，如果搜索到的不是案例，则按照（5）执行。

（5）计算采集特征 F 与知识库特征 DF 的可信度距离

推理机根据采集到的特征值，以及知识库中的每条事实，计算采集到的特征值与知识库中事实的可信度距离。设知识库中知识的权值向量矩阵为 $\boldsymbol{W}_b$、可信度矩阵为 $\boldsymbol{FC}_b$、特征向量每个特征的特征值为 $\boldsymbol{FV}_b$、采集向量特征值为 $\boldsymbol{V}$：

$$\boldsymbol{W}_b = \begin{vmatrix} w_{11} & w_{12} & \cdots & w_{1m} \\ w_{21} & w_{22} & \cdots & w_{2m} \\ \vdots & \vdots & & \vdots \\ w_{n1} & w_{n1} & \cdots & w_{nm} \end{vmatrix}, \boldsymbol{FC}_b = \begin{vmatrix} fc_{11} & fc_{12} & \cdots & fc_{1m} \\ fc_{21} & fc_{22} & \cdots & fc_{2m} \\ \vdots & \vdots & & \vdots \\ fc_{n1} & fc_{n1} & \cdots & fc_{nm} \end{vmatrix}$$

$$\boldsymbol{FV}_b = \begin{vmatrix} fv_{11} & fv_{12} & \cdots & fv_{1m} \\ fv_{21} & fv_{22} & \cdots & fv_{2m} \\ \vdots & \vdots & & \vdots \\ fv_{n1} & fv_{n1} & \cdots & fv_{nm} \end{vmatrix}, \boldsymbol{V} = \begin{vmatrix} v_{11} & v_{12} & \cdots & v_{1m} \\ v_{21} & v_{22} & \cdots & v_{2m} \\ \vdots & \vdots & & \vdots \\ v_{k1} & v_{k1} & \cdots & v_{km} \end{vmatrix}$$

$$(5-23)$$

式中，m 为每条知识中特征值的数量；n 为知识库事实的数量；k 为采集数据的范围。设某时刻采集到的特征向量为 $\boldsymbol{F}$，其对应的特征值向量为 $v^k (k=1,2,\cdots,n)$，则

$$\boldsymbol{CF}_{dis}(k) = \sum_{i=1}^{n} \left[\boldsymbol{W}_b^k \cdot \boldsymbol{FC}_b^k \cdot \left(1 - \frac{|\boldsymbol{V}^k - \boldsymbol{FV}_b^k|}{|\boldsymbol{V}^k| + |\boldsymbol{FV}_b^k|} \right) \right] (k=1,2,\cdots,n)$$

$$(5-24)$$

式中，$\boldsymbol{CF}_{dis}(k)$ 为知识库中事实 k 的可信度，其中·为点乘，其转置后便可得到所有数据的可信度 p，如下式：

$$\boldsymbol{p} = \boldsymbol{CF}_{dis}(k)^{\mathrm{T}} = \begin{vmatrix} p_{11} & p_{12} & \cdots & p_{1h} \\ p_{21} & p_{22} & \cdots & p_{2h} \\ \vdots & \vdots & & \vdots \\ p_{k1} & p_{k1} & \cdots & p_{kh} \end{vmatrix}$$

$$(5-25)$$

式中，p 为特征向量 v^k 在所有知识产生的概率值；h 为知识库中事实的数量，也就是测试特征向量会在知识库中每条知识上产生一个概率；k 为被测试数据的数量。

（6）LSTM 模块调度

令 $p_k = |p_{k1}, p_{k2}, \cdots, p_{kh}|$，如果存在：

$$p_{km} = \text{MAX}(p_k) \tag{5-26}$$

则第 k 条向量的故障号是 m，即特征向量的概率最大的某个值对应的列编号，即为所需要知道的故障号，也说明分类是正确的。如果该式不成立，说明分类错误，如表 5-3 所示。表 5-3 中，每一行中最大值对应的列编号，即为分类故障号，如第二行，最大值对应的列号为 C3，说明是第三类故障。

表 5-3 最大概率分类表

C1	C2	C3	C4	C5	C6	C7	C8	C9	C10	C11	C12
7.266	5.973	1.158	0.000	0.993	1.209	0.397	0.603	0.209	1.304	1.193	0.139
0.999	0.470	5.949	2.038	1.477	2.078	0.901	0.838	0.928	1.699	1.805	0.685
4.755	6.859	0.000	0.427	1.234	0.239	0.000	1.117	1.183	1.248	0.069	0.063

这时需要调用 LSTM 模块参数进行进一步的分类。为了提高速度，不能调用所有的 LSTM 参数模型，需要调用 ES 错误分类的故障号相对应的 LSTM 参数模型。获得 ES 的错误分类号这里采用排队算法。即对每条事实匹配后的可信度距离从大到小排序，如式（5-27）所示，并取前面 h 个构成待选项。

$$\text{CFD} = CF_{dis}(i) \geqslant CF_{dis}(j), \quad i < j \tag{5-27}$$

（7）用 MLSTM 进行判断

取出前面 h 个故障编号值，根据这些故障的编号范围，专家系统采用式（5-22）调取对应的模型参数，然后用相应的 LSTM 进行故障识别，MLSTM 会得到一个 h 个候选项的概率，概率最高的即为需要的结果。

5.4.7　结果与分析

为测试 ESLSTM 算法的识别能力，现通过采集设备采集液压机 9 个测点的压力信号，同时采集 13 个电磁阀及限位开关信号，形成 22 维的特征向量。为验证识别能力，系统选择了 12 类故障状态，每类状态采集了 170 个特征向量，共 2040 个特征向量，其中 120 个特征向量用于训练，1920 个用于测试。软件主要采用 matlab、Labview、CLIPS 专家推理系统，人机界面采用 VC++ 编写。

现将 2040 个 12 大类特征向量划分成训练样本和测试样本，并对数据进行归一化处理，公式如：

$$x^* = \frac{x - x_{\min}}{x_{\max} - x_{\min}} \tag{5-28}$$

式中，x 为原始数据；x^* 为归一化后的数据。

5.4.7.1　LSTM 训练样本选择与识别率

为研究 LSTM 识别率与训练样本大小、特征向量维度等参数的关系，先在各类中分别选择不同个数的训练样本，最少 1 个，最多 10 个，特征向量选择 22 维和 9 维两种情况，然后用 160 个数据进行测试。22 维的特征向量采用的 LSTM 的神经元是输入节点 22，隐层 22，输出为 12。9 维的特征向量采用的 LSTM 的神经元是输入节点 9，隐层 9，输出为 12。优化函数采用 RMSPropOptimizer（）优化器，优化速率采用 0.001，训练次数 4000 次，测试样本 1920 个。训练样本数量、特征向量维度与识别率的情况如图 5-21(a) 所示，训练样本数量、特征向量维度与训练时间情况如图 5-21(b) 所示。

由图可以看出，深度学习 LSTM 的识别率与训练样本的数量有关，训练样本越大，识别率反而下降。22 维特征向量最高识别

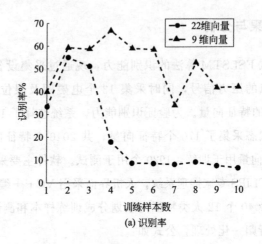

(a) 识别率

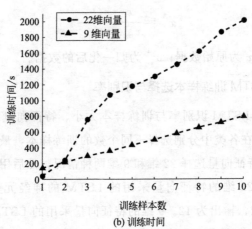

(b) 训练时间

图 5-21　不同维度向量数据的识别率和训练时间关系曲线

率是 54.9%，训练样本数是 2 个，9 维特征向量的最高识别率为 66.6%，训练样本是 4 个，可以看出整体识别率较低。同时可以看出，训练时间与训练样本相关，并随着训练样本的增加而增加，也与特征向量的维度有关，维度越大，训练所需的时间越多。LSTM 在数据维数较大的情况下，其分类精度下降，特征向量的维数越小越有利于 LSTM 的预测分类，并且时间消耗少。所以用专家系统进行向量的剥离，有助于提高识别率。

5.4.7.2 不同样本下 LSTM 故障类型识别概率分布

以 9 维向量为例，研究训练样本大小与故障类型之间的关系，发现在不同的训练个数下，错误发生的故障类也在变化。如图 5-22(a) 所示，2 个训练样本下，正确的是 C1，C2，C5，C6，

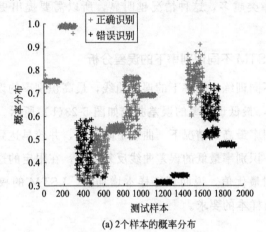

(a) 2个样本的概率分布

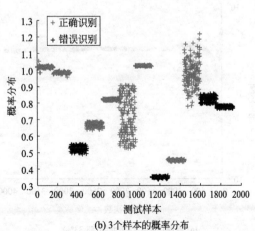

(b) 3个样本的概率分布

图 5-22 不同训练样本下识别概率分布

C7，C10，其中 C4 部分正确。如图 5-22(b) 所示，3 个训练样本下，正确的是 C1，C2，C3，C5，C6，C7，C10。

由图 5-22 可知，LSTM 的识别率与训练样本有关，不同的训练样本影响识别率，并还与故障类别相关，训练时间较长，识别率较低。原因主要是不同的故障类的特征差异较大，对深度网络的权值的影响也较大，权值的调整无法适应所有的故障类的分类要求，故障类越多，这种情况越明显，所以需要提出更好的算法改进。

5.4.7.3 LSTM 不同识别率下的误差分析

分析不同训练识别率下的误差曲线，最高识别率的误差曲线如图 5-23(a)，最低识别率的误差曲线如图 5-23(b) 所示。通过对比说明，识别率最高的情况下，曲线下降平稳，并较早达到了误差要求，反之，识别率最低的误差曲线反复调整，在限定的迭代次数后仍没有达到最优值，说明训练样本增加后，LSTM 的权值调整很难达到所有样本的要求。

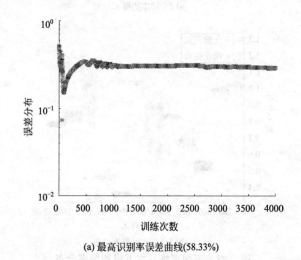

(a) 最高识别率误差曲线(58.33%)

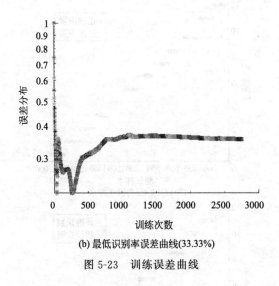

(b) 最低识别率误差曲线(33.33%)

图 5-23 训练误差曲线

5.4.7.4 LSTM 对故障库扩展性分析

为验证故障库增加时 LSTM 的识别性能，以 9 维特征向量为研究对象，不断增加故障类，观察 LSTM 识别的变化，识别率的曲线如图 5-24 所示。

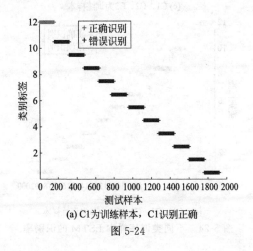

(a) C1为训练样本，C1识别正确

图 5-24

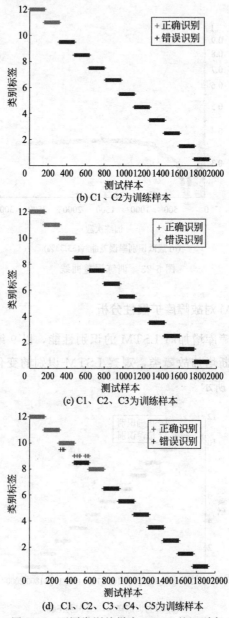

(b) C1、C2为训练样本

(c) C1、C2、C3为训练样本

(d) C1、C2、C3、C4、C5为训练样本

图 5-24　不同类训练样本 LSTM 的识别率

从图中可以看出，当训练样本为 C1 类故障时，对 C1 类故障识别率可以达 100％，但当以 C1、C2、C3、C4、C5 五类故障训练时，识别率开始下降。由图可知，故障类的增加使得识别率逐步降低，这说明故障类对 LSTM 的权值影响较大。同时故障类型越多，故障率越低，这样不利于故障库的扩展。

5.4.7.5 ES 不同测试样本识别分析

为验证故障库增加时 ES 的识别性能，以 9 维特征向量为研究对象，不断增加故障类，观察识别的变化，各以 C1，C1、C2，C1、C2、C3，C1、C2、C3、C4 为训练样本，研究不同训练样本对自身样本数据的识别率情况，同时考察对其他测试样本的影响情况，如图 5-25 所示。

由图可以分析得出，对于每个故障类，用其训练样本训练后，对其自身类数据的识别率非常高。ES 故障类增加后，同类型的故障识别率有所下降，但下降幅度比较小，对其他故障类数据的敏感度不高，这说明 ES 在对自身样本的训练和测试是非常理想的，这适合故障类的扩展。

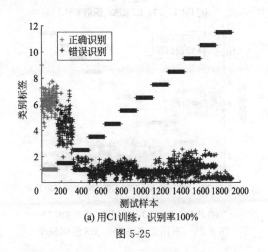

(a) 用C1训练，识别率100%

图 5-25

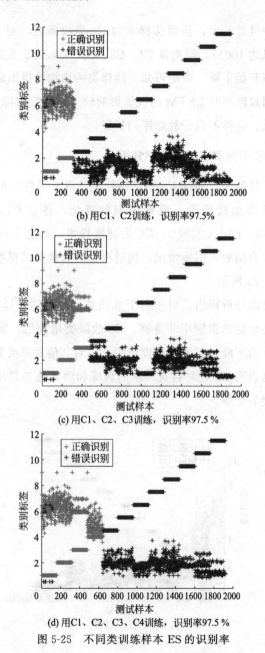

(b) 用C1、C2训练，识别率97.5%

(c) 用C1、C2、C3训练，识别率97.5 %

(d) 用C1、C2、C3、C4训练，识别率97.5%

图 5-25　不同类训练样本 ES 的识别率

5.4.7.6　ES 识别率测试

为研究 ES 的识别能力，现以 9 维特征向量数据测试，识别率如图 5-26 所示。

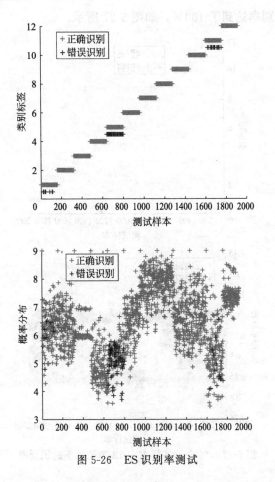

图 5-26　ES 识别率测试

由图可以看出，ES 的识别率较高，达到了 95.63%，错误类主要分布在 C1、C5、C11 类，但 ES 的识别与数据的异常有关，冲击数据影响较大，而 LSTM 影响较小。

5.4.7.7　ESLSTM 管理下识别率测试

为研究 ESLSTM 的识别能力，采取 9 维特征向量，训练样本为 48 个，在 ESLSTM 算法下，专家系统对 LSTM 参数模型进行管理，识别率达到了 100％，如图 5-27 所示。

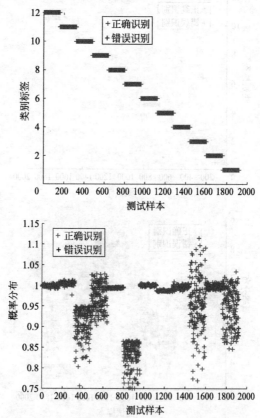

图 5-27　48 个训练样本在 12 类故障下的识别率

5.4.7.8　与其他识别算法比较

为实现对比测试，将 2040 个特征向量，分成训练样本和测试样本两大部分，然后采用 BP 神经网络、SVM 网络、PSOSVM 网络对 ES、ESLSTM、隐马尔科夫 HMM 等几种算法进行识别测试。BP 神经网络目标误差是 0.001，训练次数是 8000 次；支持向量机 SVM 参数 c 取 2，参数 g 取 1，工具箱版本是 libsvm3.12；粒子群优化的支持向量机参数 c 优化值为 1.6426，参数 g 优化值为 9.7864，目标误差为 0.001，PSO 的迭代次数为 200，种群为 20；长短期神经网络 LSTM，特征向量长度为 22 与 9。识别率与耗时如表 5-4 所示。

表 5-4　识别率与耗时

预测模型	每个特征向量识别时间/s	识别率/%
BP	0.392(训练样本 10)	68.75
SVM	0.093(训练样本 10)	92.96
PSO	0.497(训练样本 10)	96.25
HMM	0.389(训练样本 10)	86.56
LSTM(22)	0.392(训练样本 3)	54.9
LSTM(9)	0.101(训练样本 3)	58.59
ES	0.006	95.63
ESLSTM	0.032	100

由表 5-4 可以看出，ES 与 SVM 的识别率相对较高，但 SVM 需要较多的训练样本，对参数的设置要求较高。LSTM 整体的识别率较低，但故障类型较少的时候，识别率却比较高。ESLSTM 的识别率最高，可以达到 100%。从耗时看，ES 所需时间最少，ESLSTM 次之，但较 LSTM 却快了很多，说明算法可行性较强。

综上，专家系统的识别算法是把故障特征向量以"知识"的形式存储在知识库中，需要非常少的训练样本，识别过程是通过推理机计算测试数据与存储"知识"间的可信度距离，并通过设置特征值阈值、权值与可信度控制，实现较好的分类要求。另外，专家系统的知识库管理较容易，对于新增加的故障类型数据，不需要改变推理机，只需要在知识库中增添一条事实，知识库独立性强，具有非常强的故障可扩展性。深度学习网络 LSTM 是优秀的预测模型，是通过对多组权值参数的调整实现分类记忆，其所需的样本数较少，并且对同一类型数据的训练和识别精度非常高，并具有强的鲁棒性，对技术人员的要求不高，不需要设置参数。其不足是深度学习中的过拟合和欠拟合问题，并且输出类型增多后识别率快速降低，故障类型的可扩展性不强。因此，二者的结合提高了准确率和可操作性。专家系统与 LSTM 结合，可以实现故障库的任意扩展，实现智能化管理。专家系统与 LSTM 所需的训练样本较少，这特别适合于故障诊断，因为故障发生时，所得到的数据样本比较少。通过 ES 初步筛选，然后让 LSTM 进行识别，既提高了识别率，同时又降低了诊断时间，适用于现场使用。

5.5　基于 SDPCA 主成分特征相似度的故障检测与性能评估方法

　　关键设备的故障诊断与性能评估是确保生产的重要方法，关键设备一旦发生故障而又未能得到有效处理，则会产生严重后果。通过性能评估，可以及早发现微小故障，及时干预，减少事故发生。目前故障诊断与性能评估方法主要有信号分析方法、模型方法和数据驱动方法。信号分析方法包括频谱分析、小波分解、EMD 及其改进类型等。信号分析方法缺乏直观性，经常用于特征的提取，并通过借助模型方法进行故障诊断与性能评估。模型方法包括支持向量机（SVM）、长短期记忆网络（LSTM）、神经网络、隐马尔科夫（HMM）、随机森林（RF）、专家系统（ES）等，模型方法高度依赖精确的数学建模和故障数据，因故障数据尤其是未知故障数据获取困难（高可靠性工业过程故障数据更加难以获取），使得难以采用模型方法进行诊断。绝大多数复杂工业过程都是非线性过程，故主元分析（principal component analysis，PCA）、独立元分析（independent component analysis，ICA）以及偏最小二乘（partial least squares，PLS）等算法得到广泛研究。其基本原理是通过监控正常工作数据，一旦发现观测变量的异常变化，就会及时预警，非常适合于模型难以建立，或者故障数据难以获得的场合。现代工业广泛采用的 DCS 系统、FCS 系统，数据高度集中，采用工控机实施数据统一管理与层级下拨，这为数据驱动方法提供了良好的应用空间。主元分析方法是数据驱动的方法之一，其核心思想是通过线性变换将数据投影到主元空间，并使得原始数据的方差信息线性无关。为了适应非线性的检测，提出了核主元分析 KPCA（Kernel PCA），其基本思想是把低维的非线性数据映射到高维空间，将原始数据的非线性转换为线性相关，然后再执行 PCA 操作。PCA 和 KPCA 的主要不足是不能适应数据的非高斯以及数据间的自相关特性，KU 等提出了动态主元分析（DPCA），其方法是通过构建扩增矩阵，将动态数据实时融入静态数据中，实现模型的动态调整。PCA 中常使用贡献图来识别故障变量。PCA 方法因其具有降维、可视化的优点，已在化工、医药、钢铁生产等多种流程工业中取得成功应用。

PCA 通常将原始数据分解成主元子空间（principal component subspace，PCS）和残差子空间（residual subspace，RS），并采用平方预测误差 SPE（square predictionerror，SPE）、T^2 以及贡献率等参数来监控数据状态。对于 KPCA 和 DPCA，目前也是基于 SPE、T^2 指标，SPE 统计量统计了残差空间样本的空间信息变化，T^2 统计了负荷空间信息变化。SPE 和 T^2 指标能够快速地诊断出异常，并通过贡献图得到异常变量。为提高 PCA 识别精度，有学者研究了 PCA 的改进算法，如基于多块主元集散分析方法、分层主元分析方法、稀疏主元分析方法、线性时序逻辑分析方法等。Guo 等采用 Diss 的互异度指标进行故障诊断，赵成等在 Diss 的基础上采用了 PCA-Diss 的残差互异度指标，通过监测采样数据与正常数据的特征值的变化，用滑窗技术计算残差空间的残差得分，提高了故障检测率。Diss 与 PCA-Diss 的基本思想是构造了一个变换矩阵，使得两个数据空间具有相同的特征向量，并利用两个数据空间的特征值之和为 1 的特性进行故障检测。在采用基于 PCA 性能评估算法上，主要包括两种类型，一种是 PCA 及其改进方法与模型相结合，如基于递归主成分分析（recursion PCA，rPCA）和 KL 散度故障检测方法来检测微小故障，基于 PCA 与 LSSVM 结合的方法性能评估，PCA 与 CMAC 结合的性能评估，等等。另外一种方法是通过 EMMD、小波等进行特征分解，然后用 PCA-SPE，PCA-T^2 方法进行性能评估。

综上，PCA 中常用 SPE、T^2 指标进行故障检测，优点是执行速度快，但当负荷空间和残差空间样本具有强自相关时，降低了故障检测率。Diss 方法和 PCA-Diss 方法可以解决 SPE、T^2 指标无法检测的故障，识别准确度得到了提高，但因采用窗口扫描方式，使得执行速度较低，同时，该指标对故障数据与正常数据间的特征值相近的情况，容易出现误判，并且故障变量的计算度复杂，影响准确度。rPCA-KL 的性能评估方法可以检测到微小故障，但没有给出设备性能变化与散度的关系，难以进行性能评估。本书提出了基于 SDPCA 的特征相似度的故障诊断与性能评估方法，设计了特征值相似度的计算方法，对样本空间的监控，实现故障诊断与性能评估，简化了贡献图的计算方法，并通过实验验证了其有效性。

5.5.1　动态主元分析和特征值相似性指标

5.5.1.1　模糊主元分析

设正常样本数据 $\boldsymbol{X} = \{x_1, x_2, \cdots, x_m\}$ 为具有 m 个观测维度的样本数据集，其中，$x_i \in \boldsymbol{R}^n$，i 为样本观测变量，n 为样本数，隶属度 $\boldsymbol{\xi} = \{\mu_1, \mu_2, \cdots, \mu_m\}(0 < \mu < 1)$，$\boldsymbol{\xi}$ 为正对角矩阵，则样本数据构成的模糊矩阵可以表示为：

$$\boldsymbol{X}_{\boldsymbol{\xi}} = \boldsymbol{X}\boldsymbol{\xi} = \begin{vmatrix} x_{11}\mu_1 & x_{21}\mu_2 & \cdots & x_{m1}\mu_m \\ x_{12}\mu_1 & x_{22}\mu_2 & \cdots & x_{m2}\mu_m \\ \vdots & \vdots & & \vdots \\ x_{1n}\mu_1 & x_{2n}\mu_2 & \cdots & x_{mn}\mu_m \end{vmatrix} \tag{5-29}$$

定义模糊矩阵的目标函数为：

$$J = \sum_{k=1}^{m} \mu_k e(x_k) + \sigma^2 \sum_{k=1}^{m} (\mu_k \log \mu_k - \mu_k) \tag{5-30}$$

其中误差表示为：

$$e(x_k) = \| x_k - x_k \boldsymbol{P} \boldsymbol{P}^{\mathrm{T}} \|^2 \tag{5-31}$$

式中，$\boldsymbol{P}$ 为主元特征值对应的特征向量。然后对 e 进行归一化，并对式(5-31)求偏导数，可以得到隶属度的表达式：

$$\mu_k = \exp\left[-\frac{e(x_k)}{\sigma^2}\right] \tag{5-32}$$

式中，σ^2 为正则化系数。

设动态过程的时滞参数 $\mathrm{Tlag} = k$，则可以生成具有动态数据调整特性的模糊增广矩阵：

$$\boldsymbol{X}_{\boldsymbol{\xi}}^{i,j} = \{\boldsymbol{X}_{\boldsymbol{\xi}}(t), \boldsymbol{X}_{\boldsymbol{\xi}}(t-1), \boldsymbol{X}_{\boldsymbol{\xi}}(t-2), \cdots, \boldsymbol{X}_{\boldsymbol{\xi}}(t-k)\} \tag{5-33}$$

式中，$i(i = 1, 2, \cdots, n)$ 表示样本数；$j[j = 1, 2, \cdots, m(k+1)]$

表示样本增广后的观测变量；t 为当前采用时刻。为方便起见，令 $\boldsymbol{X} = \boldsymbol{X}_{\boldsymbol{\xi}}^{n,m(k+1)}$，即 $\boldsymbol{X}$ 为 n 行 $m(k+1)$ 列的矩阵，并按列减去 $\boldsymbol{X}$ 观测变量的均值，实现中心化处理；按列除以观测变量的标准差，实现标准化处理。

$$x_{ij} = \frac{x_{ij} - \widetilde{x}_{ij}}{\sqrt{\dfrac{\sum\limits_{i=1}^{n}(x_{ij} - \widetilde{x}_j)^2}{n-1}}} \tag{5-34}$$

其中，则模糊均值可以表示：

$$\widetilde{x}_j = \frac{\sum\limits_{j=1}^{n} \mu_j x_j}{\sum\limits_{j=1}^{n} \mu_j} \quad (j = 1, 2, \cdots, n) \tag{5-35}$$

记标准化后的模糊增广矩阵 $\boldsymbol{X}$ 为 $\overline{\boldsymbol{X}}$，并定义协方差 $\boldsymbol{C}$ 为：

$$\boldsymbol{C} = \frac{1}{n-1} \overline{\boldsymbol{X}}^{\mathrm{T}} \overline{\boldsymbol{X}} \tag{5-36}$$

式中，$\boldsymbol{C}$ 为实对称矩阵，故能实现对角化，对角元素为方差，非对角元素为协方差，可作为不同分量相关性的评价，该值越小，说明相关性越小，$\boldsymbol{C}$ 矩阵的不同特征值对应的特征向量具有正交特性。设 $\boldsymbol{C}$ 的特征值矩阵为 $\boldsymbol{\Sigma}$，特征向量为 $\boldsymbol{P}$，则有：

$$\boldsymbol{CP} = \boldsymbol{P\Sigma}$$

对 $\boldsymbol{\Sigma}$ 进行特征分解，求得特征值 $\lambda_1, \lambda_2, \cdots, \lambda_m$ $(\lambda_1 > \lambda_2 > \cdots > \lambda_m)$ 及其对应的特征向量 $\boldsymbol{p}_1, \boldsymbol{p}_2, \cdots, \boldsymbol{p}_m$，然后按照式(5-36)计算前 r 个主元的累计方差贡献率。

$$MC = \frac{\sum\limits_{i=1}^{r} \lambda_i}{\sum\limits_{i=1}^{m(k+1)} \lambda_i} \tag{5-37}$$

设当 $i=r$ 时，即保留的主元数目，累计贡献率达到期望值，则特征值对应的特征向量可以形成主元负载矩阵 $\overline{P}=\{p_1,p_2,\cdots,p_r\}$ 和残差矩阵 $P=\{p_{r+1},p_{r+2},\cdots,p_{m(k+1)}\}$，主元得分矩阵为 $\overline{T}=\overline{x}_i\overline{P}^\mathrm{T}$，这时，$\overline{x}$ 可以表示为：

$$\overline{x}=\overline{x}_i\overline{P}\,\overline{P}^\mathrm{T}+e_i \tag{5-38}$$

式中，e 是 $\overline{x}$ 的残差向量。

目前常用的监控参数有 SPE 和 T^2 两个指标，其表示为：

$$T^2=\overline{T}\Sigma^{-1}\overline{T}^\mathrm{T}=\overline{x}_{test}\overline{P_{1\to r}}\Sigma_{1\to r}^{-1}\overline{P}_{1\to r}^\mathrm{T}\overline{x}_{test}^\mathrm{T}$$

$$\mathrm{SPE}=\overline{x}_{test}(I-\overline{P_{1\to r}}\,\overline{P}_{1\to r}^\mathrm{T})\overline{x}_{test}^\mathrm{T} \tag{5-39}$$

可以看出，T 是对负载空间的度量指标，SPE 是对残差空间的度量指标。

5.5.1.2　特征值相似性指标

设 X 为 n 个样本的正常工作数据集，并已经实现了中心化和标准化，现将其分解成 X_1 和 X_2 两部分，即 $X=\{X_1,X_2\}$。$X_1=\{x_1^{(1)},x_2^{(1)},\cdots,x_{n_1}^{(1)}\}$ 包含 n_1 个样本，$X_2=\{x_1^{(2)},x_2^{(2)},\cdots,x_{n_2}^{(2)}\}$ 包含 n_2 个样本。每一个样本的观测变量是增广后的 $m(k+1)$ 个。

令 M 为 X 的左协方差矩阵：

$$M_i=\frac{1}{n_i-1}X_i^\mathrm{T}X_i \quad(i=1,2) \tag{5-40}$$

则 M_i 为一个 $n_i\times n_i$ 实对称矩阵，一定存在 n_i 个相互正交的特征向量，也一定可以对角化，然后再对 M 进行特征分解：

$$M_i=Q_i\Sigma_iQ_i^{-1} \quad(i=1,2) \tag{5-41}$$

式中，Q 为单位正交矩阵，是 M 的特征向量组成的矩阵，可以做新的基底向量；Σ_1 和 Σ_2 为对角阵，对角线元素为特征值。理想情况下，对于同一个正常工作数据集合，当不同工作区间数据的方差相同时，M_1 和 M_2 是相似矩阵，存在：

$$\pmb{\Sigma}_1 = \pmb{Q}_1^{-1} \pmb{M}_1 \pmb{Q}_1 = \pmb{Q}_2^{-1} \pmb{M}_2 \pmb{Q}_2 = \pmb{\Sigma}_2 \qquad (5\text{-}42)$$

采用统一的基底向量，并令：

$$\pmb{\Sigma}_1 = (\lambda_1^{(1)} > \lambda_2^{(1)} > \cdots > \lambda_n^{(1)}), \ \pmb{\Sigma}_2 = (\lambda_1^{(2)} > \lambda_2^{(2)} > \cdots > \lambda_n^{(2)}),$$

则有：

$$\pmb{Q}_1^{-1} \pmb{M}_1 \pmb{Q}_1 - \pmb{Q}_1^{-1} \pmb{M}_2 \pmb{Q}_1 \leqslant \varepsilon \pmb{\xi} \qquad (5\text{-}43)$$

式中，$\pmb{\xi}$ 为单位对角向量；$\pmb{\varepsilon}$ 为误差向量。可以发现，基底改变对特征值较大的几个特征值影响较大，其他特征值基本相同。因此，M_1 和 M_2 是一定条件下的部分相似。设 D 为深度系数，表示降序排序的特征值中较大特征值的个数，则存在：

$$\pmb{Q}_1^{-1}(n-D) \pmb{M}_1 \pmb{Q}_1(n-D) - \pmb{Q}_1^{-1}(n-D) \pmb{M}_2 \pmb{Q}_1(n-D) \approx 0$$
$$(5\text{-}44)$$

在实践中，不同时刻下的数据，或者注入故障信息后，其期望值与方差出现差异，这种差异首先体现在特征值的变化上，把特征值降序排序后，部分特征值差正好体现两个矩阵的相似程度，即：

$$S(D) = \pmb{Q}_1^{-1}(n-D) \pmb{M}_1 \pmb{Q}_1(n-D) - \pmb{Q}_1^{-1}(n-D) \pmb{M}_2 \pmb{Q}_1(n-D)$$
$$(5\text{-}45)$$

用 $(n-D)$ 表示特征值被采用的个数，在计算时，设相似度表示如下：

$$S = \frac{1}{n-D} \sum_{i=1}^{n-D} (\lambda_i^{(1)} - \lambda_i^{(2)}) \qquad (5\text{-}46)$$

这时，则存在 $\pmb{\Sigma}_2(S) = \pmb{Q}_1^{\mathrm{T}}(S) \pmb{M}_2 \pmb{Q}_1(S)$，并对 $\pmb{\Sigma}_2$ 取对角数据得到 $\pmb{\Sigma}_2 = (\lambda_1^{(2)}, \lambda_2^{(2)}, \cdots, \lambda_n^{(2)})$。

最后，相似度可以优化为：

$$S = \frac{1}{n-D} \sum_{i=1}^{n-D} (\lambda_i^{(1)} - \lambda_i^{(2)}) \eta + \mathrm{trace}(\pmb{\Sigma}_2)(1-\eta) \qquad (5\text{-}47)$$

其中，前面一部分表示两个特征值的接近度，表示两个特征相互作用与深度参数 D 相关，后一部分表示 $\boldsymbol{\Sigma}_2$ 迹对相似度的影响，不受到深度参数 D 的影响。η 为调节因子，表示两部分之间的权值分配。D 和 η 算法会自动生成，D 常见取值为 $1\sim20$，η 常见取值为 $0.3\sim0.5$。

5.5.1.3　故障诊断

根据相似度公式，可以通过相似度的变化观测过程数据是否异常，当异常发生时，需要寻找引起故障的变量，进而确定故障源，故障变量的确定一般是通过贡献图完成。令 $\boldsymbol{\Theta}$ 是采样完成的一组含有 w 个故障的数据样本，首先用正常数据的均值与方差进行标准化处理，可得：

$$\frac{1}{n_1-1}\overline{\boldsymbol{X}}_1^{\mathrm{T}}\overline{\boldsymbol{X}}_1\boldsymbol{Q}_1=\boldsymbol{Q}_1\boldsymbol{\Sigma}_1 \tag{5-48}$$

故障数据的得分矩阵为

$$\boldsymbol{T}_{\boldsymbol{\Theta}}=\boldsymbol{\Theta}\overline{\boldsymbol{Q}}_1^r \tag{5-49}$$

式中，$\overline{\boldsymbol{Q}}_1^r$ 为降维后主元为 r 时对应的特征向量。根据式(5-40)，可以推出：

$$\frac{1}{w-1}\boldsymbol{\Theta}^{\mathrm{T}}\boldsymbol{\Theta}\overline{\boldsymbol{Q}}_1^r=\overline{\boldsymbol{Q}}_1^r\boldsymbol{\Sigma}_2 \tag{5-50}$$

式中，r 为主元数，然后在 $\boldsymbol{T}_{\boldsymbol{\Theta}}$ 滑动窗口中，对 $\boldsymbol{T}_{\boldsymbol{\Theta}}$ 进行特征值分解，求取特征值和特征向量如式(5-51)，计算出其得分矩阵如式(5-52)。

$$\frac{1}{w-1}\boldsymbol{T}_{\boldsymbol{\Theta}}^{\mathrm{T}}\boldsymbol{T}_{\boldsymbol{\Theta}}\boldsymbol{P}_w=\boldsymbol{P}_w\boldsymbol{\Xi}_w \tag{5-51}$$

$$\overline{\boldsymbol{T}_{\boldsymbol{\Theta}}}=\boldsymbol{T}_{\boldsymbol{\Theta}}\boldsymbol{P}_w \tag{5-52}$$

按照传统的方法计算贡献度时，需要在式(5-51) 及式(5-52)所给的空间中计算，因为经过了两次的方差计算与特征分解，故障变量与特征贡献率模型难以确定，并且非常复杂。根据矩阵论知识可以得到，在采用左转置的情况下存在：

$$\frac{1}{w-1}(\boldsymbol{\Theta}\overline{Q}_1^r)^T(\boldsymbol{\Theta}\overline{Q}_1^r)\boldsymbol{P}_w = \frac{1}{w-1}(\overline{Q}_1^r)^T\boldsymbol{\Theta}^T\boldsymbol{\Theta}\overline{Q}_1^r\boldsymbol{P}_w$$

$$=(\overline{Q}_1^r)^T\overline{Q}_1^r\boldsymbol{\Sigma}_2\boldsymbol{P}_w = \boldsymbol{\Sigma}_2\boldsymbol{P}_w = \boldsymbol{P}_w\boldsymbol{\Xi}_w$$

可以推出

$$\boldsymbol{\Xi}_w = \boldsymbol{P}_w^{-1}\boldsymbol{\Sigma}_2\boldsymbol{P}_w \tag{5-53}$$

因此 $\boldsymbol{\Xi}_w$ 和 $\boldsymbol{\Sigma}_2$ 相似，所以贡献度的计算只需要在 $\boldsymbol{\Sigma}_2$ 所在空间计算，大大降低了计算的复杂度。并且可以发现，特征值发生变化最明显的是最大特征值，因此，可以根据求取异常数据列的方差对最大特征值影响程度求贡献度。公式如下：

$$\boldsymbol{\Gamma}_\lambda = \boldsymbol{p}^{T*}\boldsymbol{\Theta}^T\boldsymbol{\Theta}$$

$$\lambda(i) = \boldsymbol{\Gamma}_\lambda(i)^* \, p(i)/\boldsymbol{\Gamma}_\lambda \boldsymbol{p} \tag{5-54}$$

式中，$\boldsymbol{p}$ 为最大特征值对应的特征向量。

5.5.1.4　性能评估

性能的变化可以通过故障变量表征，而故障变量的变化通过特征值表现出来，这是采用特征值相似度进行性能评估的基本原理。性能评估一般通过性能等级实现，根据故障变量偏离正常值的情况，把性能划分成若干个等级。一般划分为健康级、亚健康级、故障报警级和故障级。令故障样本集 $\overline{\overline{\boldsymbol{\Theta}}} = \{x_1, x_2, \cdots, \overline{\overline{x}}_k, \cdots, x_m\}$，其中 $\overline{\overline{x}}_k$ 是故障变量发生变化的观测变量。则：

$$\overline{\overline{x}}_k = x_k^0 + x_k^j \tag{5-55}$$

则有：

$$\frac{1}{n-1}\overline{\overline{\boldsymbol{\Theta}}}^T\overline{\overline{\boldsymbol{\Theta}}}\boldsymbol{P} = \boldsymbol{P}\overline{\overline{\boldsymbol{\Xi}}} \tag{5-56}$$

式中，x_k^0 表示正常值；x_k^j 是等级 j 时变化的值。此时相似度计算公式如下：

$$S_\Theta = \frac{1}{n-D} \sum_{i=1}^{n-D} (\boldsymbol{P}_{(D:END)}^T {}^* \overline{\overline{\boldsymbol{\Theta}}}^T \overline{\overline{\boldsymbol{\Theta}}} {}^* \boldsymbol{P}_{(D:END)} - \lambda_i^{(2)})\eta +$$
$$\mathrm{trace}(\overline{\overline{\boldsymbol{\Xi}}})(1-\eta) \tag{5-57}$$

根据式(5-54) 可以方便地求出故障变量对所有特征值的影响程度，进而得出故障变量与相似度的关系。

5.5.2　基于 DPCA 特征值相似度的性能评估步骤

① 采集正常工作数据集 $\boldsymbol{X}$，计算出模糊矩阵 $\boldsymbol{X}_\xi$。然后构造其增广矩阵 $\boldsymbol{E}$，并将 $\boldsymbol{E}$ 分成两部分 $\boldsymbol{E}_1$ 和 $\boldsymbol{E}_2$，即 $\boldsymbol{E} = \{\boldsymbol{E}_1, \boldsymbol{E}_2\}$，并用 $\boldsymbol{E}_1$ 的均值与方差对 $\boldsymbol{E}$ 进行中心化和标准化，记为 $\overline{\boldsymbol{E}} = \{\overline{\boldsymbol{E}}_1, \overline{\boldsymbol{E}}_2\}$。

② 计算 $\overline{\boldsymbol{E}}_1$ 的协方差阵的特征值与特征向量。设主元数为 r，并计算出其负载矩阵 $\boldsymbol{P}_r^{(1)}$，用 $\boldsymbol{P}_r^{(1)}$ 计算得分矩阵 $\boldsymbol{T}_1$，$\boldsymbol{T}_2$。

③ 用 $\boldsymbol{T}_1$ 的均值与方差对 $\boldsymbol{T}_i (i=1,2)$ 进行中心化和标准化。

④ 在 $\boldsymbol{T}_i (i=1,2)$ 上选择窗宽 w 的窗口数据 $\boldsymbol{D}_i^w (i=1,2)$，按照步长 s 滑动窗口，计算 $\boldsymbol{D}_1^w$ 的特征向量与特征值，并按照式(5-47) 计算出 $\boldsymbol{D}_2^w$ 的特征值，求出相似度 S 的控制限 S_α。

⑤ 采集一组窗口宽度的数据，并计算出模糊矩阵，然后构造其增广矩阵 $\boldsymbol{\Theta}_{(t)}$。

⑥ 用 $\boldsymbol{E}_1$ 的均值与方差对 $\boldsymbol{\Theta}_{(t)}$ 进行标准化，记为 $\boldsymbol{\Theta}_{(t)}$。再用 $\boldsymbol{P}_r^{(1)}$ 计算得分矩阵 $\boldsymbol{T}_{(t)}$。

⑦ 计算 $\boldsymbol{T}_i^w$ 和 $\boldsymbol{T}_{(t)}^w$ 的相似度值 S，如大于控制限，则为故障。

⑧ 一旦出现故障，根据贡献值确定故障变量。

5.5.3 结果与分析

5.5.3.1 采用标准案例测试

TE 是过程仿真器，广泛应用于故障诊断算法的验证。TE 包括了反应器、冷凝器、汽液分离器、循环压缩机和产品汽提器等 5 个主要组成装备，描述了一个化工反应过程，该过程包括 12 个操纵变量、22 个连续过程测量变量和 19 个成分测量变量。TE 提供了 21 组标准的训练测试数据集，除了第一组数据是正常数据外，其余 20 组都是故障数据。每组数据中，包括一个训练数据集和一个测试数据集。本节采用 TE 测试数据集，数据集有 960 个样本，每个样本有 52 个观测变量。需要说明的是，在故障数据中，前面 160 个数据是正常数据，在 160 个数据后引入了故障。

（1）识别率测试

在故障集中，第 9 号故障类型为随机故障、第 19 号故障类型为未知故障，用传统的 PCA-SPE、PCA-T^2、DPCA-SPE 等方法测得的效果均不理想。本书采用的 SDPCA 方法，对 9 号故障的识别率达到了 99.2%，误判率为 0，如图 5-28 所示。对 19 号故障的识别率达到了 100%，并且故障误判率为 0，如图 5-29 所示。相关文献采用 DPCA-DISS 方法对 19 号故障识别率为 97.13%。采用的参数：Tlag＝3、w＝60、D＝2、权重因子为 0.7。

由图可以看出，在故障引入点之前，两个故障 SDPCA 方法测得的数据都在控制线以下，说明对正常数据能正常识别。而 PCA-SPE 和 PCA-T^2 方法测得数据在控制线上下波动，说明有识别错误。在 160 个数据之后，SDPCA 方法对于 19 号故障，在故障引入后数据都在控制线上面，说明识别正确，识别率达到了 100%。对于 9 号故障，只有一个数据识别错误，识别率达到了 99.2%。无

（文字内容部分模糊不清）

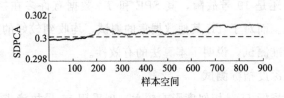

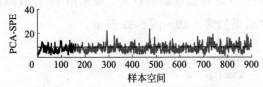

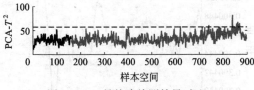

图 5-28　9 号故障检测结果对比

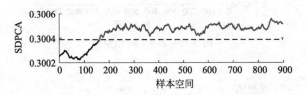

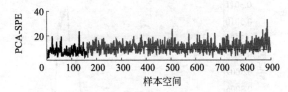

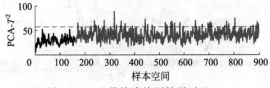

图 5-29　19 号故障检测结果对比

论是 9 号还是 19 号故障，其 SPE 和 T^2 数据有许多在控制限下，识别率低。而对于 TE 其他数据集的测试，均收到较好的效果。通过以上标准测试，说明了本算法的有效性。

（2）深度指标测试

深度指标 D 对相似度影响较大。现采用 15 号故障进行深度指标的测试，结果如图 5-30～图 5-33 所示。

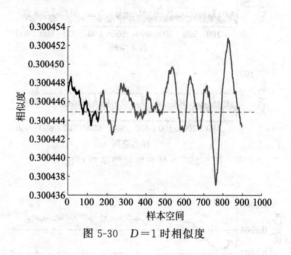

图 5-30 $D=1$ 时相似度

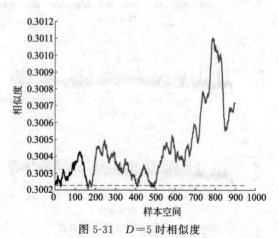

图 5-31 $D=5$ 时相似度

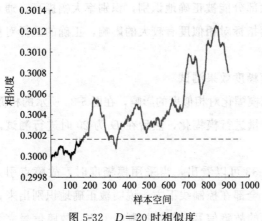

图 5-32　$D=20$ 时相似度

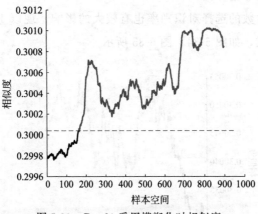

图 5-33　$D=20$ 采用模糊化时相似度

由图 5-30 可以看出，当 D 为 1 时，相似度在控制线上下波动，故障引入前的信号大部分出现在控制线的上方，即被错误分成了故障信号（正常信号应在控制线性下方）。故障信号引入后的信号也出现了大量的识别错误（故障信号应该在控制线的上方）。当 $D=5$ 的时候，故障信号的识别率提高了，但正常信号仍然在控制线上方，大部分识别错误。当 $D=20$ 时，正常信号可以被正确地识别，故障信号大部分能被正确地识别，识别率大幅提高。通过以上测试说明，深度指标对相似度有较大的影响，正确的选择对信号识别有重要作用。

（3）模糊度效果测试

为测试模糊化对相似度的影响，在图 5-32 所示的相似度测试中，对各观测变量进行模糊化，然后在 D 为 20 时进行测试，如图 5-33 所示。

由图 5-33 可以看出，当采用模糊度时，故障点引入前的 160 个正常信号全部在控制线下方，说明被正确地识别出来，同时，故障引入点后的故障信号全部在控制线上方，故障信号完全被识别。

（4）动态指标测试

时滞常数的选择对识别率也有较大的影响，现以 19 号故障为例进行测试，如图 5-34、图 5-35 所示。

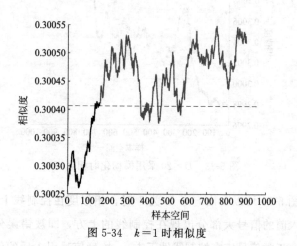

图 5-34　$k=1$ 时相似度

由图 5-34 可以看出，当动态指标为 1 时，即不采用增广矩阵时，在故障引入点前 160 点的正常信号识别正确率高，但故障引入后的故障数据出现了错误，主要发生在 400 点到 500 点间。

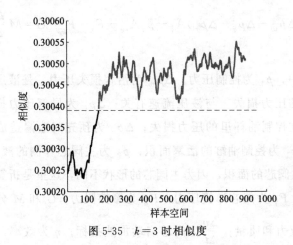

图 5-35　$k=3$ 时相似度

由图 5-35 可以看出，当时滞常数增加时，识别率有明显的提升，说明增加动态特性后，识别率得到了提升。在实践中，考虑执行效率，时滞常数不宜过大。

5.5.3.2　液压机预充阀性能评估

液压机是现代制造业中不可或缺的关键装置，预充阀是液压机中重要的液压元件，其主要作用是通过控制要求，克服高压打开加压设备，实现快速的泄压与大流量液压油回油箱。预充阀是液压机故障频发的元件，对其监控有着重要的意义。

（1）预充阀液压模型及性能退化公式

预充阀的结构如图 5-36 所示，主要由控制油路、活塞、碟形阀等元件组成，预充阀性能的退化主要表现主阀无法打开。根据液压平衡方程，其打开压力模型可以用下式表示：

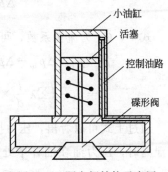

图 5-36　预充阀结构示意图

$$(p_1 - \Delta p_w - \Delta p_\xi - \Delta p_r)A_1 - p_2 A_{eq} - F_s - F_\mu - G = M \frac{\Delta v}{\Delta t} \times \frac{1}{\eta}$$

$$(5-58)$$

式中，p_1 为控制压力；Δp_w 为沿程损失压力，是液压在管道流动时的压力损失，与液压流速有关；Δp_ξ 为局部压力损失，是液压力在控制油杯里的压力损失；Δp_r 为预充阀泄漏造成的压力损失；A_1 为控制油缸的活塞面积；p_2 为主阀芯外侧的液压压力；A_{eq} 为主阀芯的面积，因为主阀芯的形状不同，这里是折算后的有效面积；F_s 为阀芯弹簧压力；F_μ 为摩擦阻力；G 和 M 分别为阀芯组的重力和质量；$\frac{\Delta v}{\Delta t}$ 为阀芯启动加速指标；η 为效率，是对因发热等原因造成的压力损失的综合衡量指标，取值 $0.90 \sim 0.95$。

$$\Delta p_w = \sum \lambda \frac{l}{d} \times \frac{\rho v^2}{2} \tag{5-59}$$

$$\Delta p_\xi = \sum \xi \frac{\rho v^2}{2} \tag{5-60}$$

式中，λ 为沿程阻力系数，$\lambda = 0.028$；l 为管道长度；d 为管道内径；ρ 为油液密度；v 为管道平均流速；ξ 为局部阻力系数。

根据厚壁流量公式，可以得到缝隙泄漏的近似公式：

$$\Delta p_r = \frac{\rho v^2}{2C_q^2} \tag{5-61}$$

式中，C_q 为流量系数，可以通过实验确定 $C_q = 0.82$，令

$$\begin{aligned} p &= p_1 - \Delta p_w - \Delta p_\xi - \Delta p_r \\ &= p_1 - \left(\sum \lambda \frac{l}{d} \times \frac{\rho}{2} + \sum \xi \frac{\rho}{2} + \frac{\rho}{2C_q^2} \right) v^2 \end{aligned} \tag{5-62}$$

通过上式可以看出，压力损失与速度的平方成正比，当油杯没有泄漏时，压力油在油杯中处于密闭状态，压力损失可以忽略不计，此时 $p = p_1$。当油杯出现缝隙开始泄漏时，泄漏造成压力损

失，并随着液体流速的增大而增大，p 开始下降，并且随着泄漏的增加而迅速增加。当 p 下降到临界点 p_0 时，使得

$$p_0 A_1 - p_2 A_{eq} - F_s - F_\mu - G < M \frac{\Delta v}{\Delta t} \times \frac{1}{\eta} \qquad (5\text{-}63)$$

说明预充阀损坏，无法打开，无法泄压。

（2）预充阀的 SDPCA 性能测试

实验对象是短周期贴面生产线所用液压机，该液压机预充阀没有采用先导装置，因此需要较大的开启压力，其控制保护压力为 14MPa，正常打开为 3～11MPa。在预充阀的控制油路上设计有减压阀，这样预充阀的压力损失不影响其他阀的工作。为了说明阀损坏的过程，根据开启压力下降情况分成四个级，分别是健康级、亚健康级、故障报警级、故障级。根据式（5-56）及式（5-57），可以求出性能等级下的相似度。

取压机工作数据样本 960 个，每个样本包括 9 个观测变量，分别是：液压锁打开压力、提升缸提升压力 1、提升缸提升压力 2、压机下降压力、预充阀打开压力、系统工作压力、加压压力、保压压力、泄压压力。现用相似度表示性能变化趋势，如图 5-37 所示。

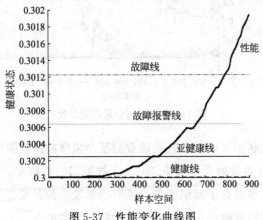

图 5-37 性能变化曲线图

由图 5-37 可以看出，采样点 200 之前为健康级，相似度没有明显变化，采样点 200 点之后，相似度开始出现变化，并在 700 点后达到了亚健康级，系统虽然可以工作，但需要及时预警。系统在 860 点后，出现了加速变化的趋势，进入了故障报警级，说明阀出现了较为严重的故障，尽管能工作，但需要及时维修。当相似度达到故障级时，说明系统无法工作。

在实践中，性能变化是由某一个或多个变量引起，为准确定位发生异常的故障变量，需要计算每个观测变量对最大特征值的贡献度，因为故障变量的异常，首先会引起最大特征值的变化，根据这个原理，可通过最大特征值观测每个变量的贡献度。由图 5-38 可以看出，最初 300 个采样点的贡献度基本相同，但 300 个采样点之后，浅色表示的贡献度大幅度增加，对应的变量就是第 5 个变量。

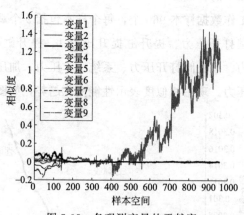

图 5-38　各观测变量的贡献度

采用柱状图可以非常直观地观测某个采样数据观测变量的贡献度，图 5-39 是故障发生后第 700 个采样数据的贡献度，发现变量 5 的贡献度明显要高于其他变量，说明故障发生源是变量 5，图 5-40 是正常数据的贡献度，可以看出，贡献度基本平衡。

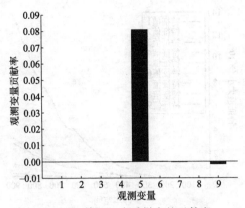

图 5-39　第 700 个采样点的贡献度

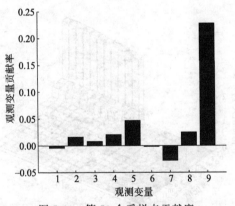

图 5-40　第 50 个采样点贡献度

为研究得分矩阵中各个窗口特征值的变化趋势，以及对相似度的影响程度，将各个窗口特征值进行逐一分析，得到各特征值的变化趋势，如图 5-41 所示。

为研究正常特征值与故障特征值的关系，抽取正常 10 个样本（1～10）和 10 个故障样本（301～310）进行观察，如图 5-42 所示。

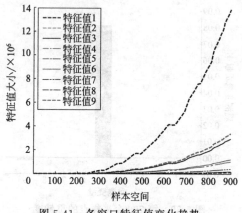

图 5-41　各窗口特征值变化趋势

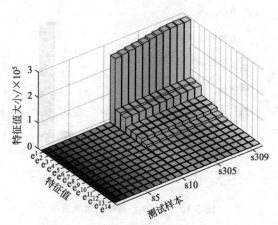

图 5-42　正常数据与故障数据的特征值

由图 5-41 可以看出，在采样点 200 之后，每个特征值开始发生变化，数据逐步增大，说明有异常数据产生，并且可以看出，在发生故障的时候，特征值 1，即最大特征值，反应最为明显。其他特征值变化依次降低，因此可以通过最大特征值的贡献程度，计算各观测变量的贡献度，进而确定故障发生变量。但在相似度的计算中，往往由变化较小的特征值计算。由图 5-42 可以看出，故障发生后，特征值较正常数据的特征值有明显的不同，并且随着故障升级，特征值也明显呈现增大趋势，所以采用相似度很容易计算出变化的趋势与大小。

基于特征值相似度 SDPCA 方法，能够更好地识别数据异常，准确度高，无需故障训练数据，适合故障数据难以获取或者模型难以建立的场合。SDPCA 对检测数据的自相关性不敏感，因此识别性能要好于 PCA-SPE、PCA-T^2 等方法。SDPCA 方法采用最大特征值贡献度计算方法，较 PCA-SPE、PCA-T^2 等方法，大大减小了计算的复杂性，并且提高了准确度。同时，SDPCA 方法根据故障变量，将相似度划分若干等级，实现对设备性能的多级监控，可以实现设备工作健康情况的评估，为设备的大型检修、日常保养、备件管理提供可靠的科学依据。该方法通过贡献图和各变量相似度分解图，可以清晰地观测到发生变化的故障变量，为工程师故障诊断提供参考。另外，SDPCA 算法优化了窗口扫描，除了计算控制阀值时需要采用窗口扫描，正常工作时，不需要窗口扫描，因此耗时与 PCA-SPE，PCA-T^2 等方法相比基本相当，耗时要小于 PCA-Diss 方法。

5.6　基于 SKDPCA 故障检测与性能评估方法

PCA 关注的是方差最大的特征，通过 PCA 使得各特征间线性无关，是一个线性变换的过程，因此对线性不可分的数据效果会变差，而非线性变换的 KPCA 可以解决线性相关问题。其原理是把在低维度空间的非线性数据转变到高维度空间，进而实现线性变换。KPCA 非常适合特征间的非线性情况。KPCA 的相关理论比较成熟，其实质是利用核函数实现非线性的变化。如果对 KPCA 增加动态调整，则形成 KDPCA 方法。无论是 KDPCA 还是 KPCA，其检测指标目前常用的还是 SPE、T^2，这两个指标存在检测率较低的问题，本节从相似度识别的角度说明其算法，首先需了解相似核主成分分析 SKPCA 方法。

5.6.1　SKPCA 基本原理

令 $\boldsymbol{X} = \{x_1, x_2, \cdots, x_m\}$ 为含有 m 个观测变量的样本，样本数量为 n 个，设 ϕ 为非线性映射函数，即把 $\boldsymbol{X}$ 映射到高维 $\phi(\boldsymbol{X})$ 的空间，即 $\phi(\boldsymbol{X}) = [\phi(x_1), \phi(x_2), \cdots, \phi(x_n)]$，然后再进行特征值分解。则有：

$$\phi(\boldsymbol{X})\phi(\boldsymbol{X})^{\mathrm{T}}\boldsymbol{v} = \lambda\boldsymbol{v} \tag{5-64}$$

式中，λ 为特征值；v 为特征值对应的特征向量。因为 $\phi(\boldsymbol{X})\phi(\boldsymbol{X})^{\mathrm{T}} = \sum\limits_{i=1}^{N} \phi(x_i)\phi(x_i)^{\mathrm{T}}$，则有：

$$\sum_{i=1}^{N} \phi(x_i)\phi(x_i)^{\mathrm{T}}\boldsymbol{v} = \lambda\boldsymbol{v}$$

$$v = \frac{1}{\lambda}\sum_{i=1}^{N} \phi(x_i)\phi(x_i)^{\mathrm{T}}\boldsymbol{v}$$

令 $\boldsymbol{\alpha} = \dfrac{1}{\lambda}\phi(x_i)^{\mathrm{T}}\boldsymbol{v}$，则

$$v = \phi(\boldsymbol{X})\boldsymbol{\alpha} \tag{5-65}$$

该式说明可以用映射后的特征向量的线性组合来表示映射后的基向量。将该式代入特征方程式(5-64)，则有：

$$\phi(\boldsymbol{X})\phi(\boldsymbol{X})^{\mathrm{T}}\phi(\boldsymbol{X})\boldsymbol{\alpha} = \lambda\phi(\boldsymbol{X})\boldsymbol{\alpha}$$

$$\phi(\boldsymbol{X})^{\mathrm{T}}\phi(\boldsymbol{X})\phi(\boldsymbol{X})^{\mathrm{T}}\phi(\boldsymbol{X})\boldsymbol{\alpha} = \lambda\phi(\boldsymbol{X})^{\mathrm{T}}\phi(\boldsymbol{X})\boldsymbol{\alpha} \tag{5-66}$$

其中，

$$\phi(\boldsymbol{X})^{\mathrm{T}}\phi(\boldsymbol{X})=\begin{vmatrix} \phi(x_1)\phi(x_1) & \phi(x_1)\phi(x_2) & \cdots & \phi(x_1)\phi(x_n) \\ \phi(x_2)\phi(x_1) & \phi(x_2)\phi(x_2) & \cdots & \phi(x_2)\phi(x_n) \\ \vdots & \vdots & & \vdots \\ \phi(x_n)\phi(x_1) & \phi(x_n)\phi(x_2) & \cdots & \phi(x_n)\phi(x_n) \end{vmatrix}$$

$\phi(\boldsymbol{X})^{\mathrm{T}}\phi(\boldsymbol{X})$ 实质是求高维空间的内积，求该项会导致计算量增大，并且维度难以确定，因此需要借助核函数解决。通过核函数可以间接地计算出映射函数的内积，而无需求出映射后的高维数据。设 $\boldsymbol{x}$ 和 $\boldsymbol{y}$ 为低维的输入向量，则有：

$$\boldsymbol{K}(\boldsymbol{x},\boldsymbol{y})=<\phi(\boldsymbol{x}),\phi(\boldsymbol{y})>$$

所以有：

$$\boldsymbol{K}(\boldsymbol{X},\boldsymbol{X})=\phi(\boldsymbol{X})^{\mathrm{T}}\phi(\boldsymbol{X}) \tag{5-67}$$

$$\phi(\boldsymbol{X})^{\mathrm{T}}\phi(\boldsymbol{X})=\begin{vmatrix} \boldsymbol{K}(x_1,x_1) & \boldsymbol{K}(x_1,x_2) & \cdots & \boldsymbol{K}(x_1,x_n) \\ \boldsymbol{K}(x_2,x_1) & \boldsymbol{K}(x_2,x_2) & \cdots & \boldsymbol{K}(x_2,x_n) \\ \vdots & \vdots & & \vdots \\ \boldsymbol{K}(x_n,x_1) & \boldsymbol{K}(x_n,x_2) & \cdots & \boldsymbol{K}(x_n,x_n) \end{vmatrix}$$

$<\phi(\boldsymbol{x}),\phi(\boldsymbol{y})>$ 为 $\boldsymbol{x}$ 与 $\boldsymbol{y}$ 映射到高维后的内积。$\boldsymbol{K}(\boldsymbol{x},\boldsymbol{y})$ 为核函数，它提供了从非线性到线性的连接。可以看出，可以将映射后的高维内积等效到一个核函数上，这样就可以简化计算。也就是通过核函数实现了高维空间的协方差矩阵（内积）的计算方法。

因此，由式(5-66) 和式(5-67) 可以得到：

$$\boldsymbol{K}^2\alpha=\lambda\boldsymbol{K}\alpha \tag{5-68}$$

因为 $\boldsymbol{K}$ 是半正定的，对于任意 $\boldsymbol{x}$ 则有：

$$\boldsymbol{x}^{\mathrm{T}}\boldsymbol{K}\boldsymbol{x}=\boldsymbol{x}^{\mathrm{T}}\phi(\boldsymbol{X})^{\mathrm{T}}\phi(\boldsymbol{X})\boldsymbol{x}$$
$$=\|\phi(\boldsymbol{X})\boldsymbol{x}\|^2\geqslant 0$$

所以有：

$$\boldsymbol{K}\alpha=\lambda\alpha \tag{5-69}$$

因为 $v = \phi(\boldsymbol{X})\boldsymbol{\alpha}$，$v$ 就是高维空间转换后的特征向量，在使用时，经常需要对其归一化，但是因为 $\phi(\boldsymbol{X})$ 的值没有计算，所以需要借助核函数实现。对 v 归一化，只需要完成 $v^{\mathrm{T}}v = 1$。因为：

$$v^{\mathrm{T}}v = [\phi(\boldsymbol{X})\boldsymbol{\alpha}]^{\mathrm{T}}\phi(\boldsymbol{X})\boldsymbol{\alpha} = \boldsymbol{\alpha}^{\mathrm{T}}\phi(\boldsymbol{X})^{\mathrm{T}}\phi(\boldsymbol{X})\boldsymbol{\alpha} = \boldsymbol{\alpha}^{\mathrm{T}}\boldsymbol{K}\boldsymbol{\alpha} = \boldsymbol{\alpha}^{\mathrm{T}}\lambda\boldsymbol{\alpha} = 1$$

$$(5\text{-}70)$$

令 $\boldsymbol{\alpha} = \dfrac{1}{\sqrt{\lambda}}\boldsymbol{\alpha}$，即可实现归一化。

如有新样本，则映射后的第 j 维坐标可以表示为：

$$c_j = \phi(x)^{\mathrm{T}}v_j = \phi(x)^{\mathrm{T}}\phi(\boldsymbol{X})\boldsymbol{\alpha}$$

$$= \sum_{i=1}^{n}\phi(x_i)^{\mathrm{T}}\phi(x_j)\boldsymbol{\alpha}_j$$

$$= \sum_{i=1}^{n}\boldsymbol{K}(x_i, x_j)\boldsymbol{\alpha}_j$$

则有

$$\boldsymbol{C} = \boldsymbol{K}\boldsymbol{A} \tag{5-71}$$

式中，$\boldsymbol{A}$ 是由 $\boldsymbol{\alpha}$ 组成的特征向量。

在计算的过程中，需要对 $\phi(\boldsymbol{X})$ 中心化，即均值为零，也要通过核函数实现。均值需要按列进行，则有：

$$\hat{\phi}(x_k) = \phi(x_k) - \frac{1}{n}\sum_{k=1}^{n}\phi(x_k) \tag{5-72}$$

式中，k 为第 k 列数，共有 n 个数。

$$\hat{\boldsymbol{K}}_{ij} = \hat{\phi}(x_i)^{\mathrm{T}}\hat{\phi}(x_j)$$

$$= [\phi(x_i) - \frac{1}{n}\sum_{i=1}^{n}\phi(x_k)]^{\mathrm{T}}[\phi(x_j) - \frac{1}{n}\sum_{i=1}^{n}\phi(x_k)]$$

$$= \phi(x_i)^{\mathrm{T}}\phi(x_j) - \frac{1}{n}\sum_{i=1}^{n}\phi(x_k)\phi(x_j) -$$

$$\frac{1}{n}\sum_{i=1}^{n}\phi(x_k)^{\mathrm{T}}\phi(x_i) + \frac{1}{n^2}\sum_{i=1}^{n}\phi(x_k)^{\mathrm{T}}\sum_{i=1}^{n}\phi(x_k)$$

因此：

$$\hat{K} = K - \frac{1}{n}IK - \frac{1}{n}KI + \frac{1}{n^2}IKI \qquad (5\text{-}73)$$

由式(5-73)可知，计算出 $\hat{K}$ 后，根据其值计算 SPE 和 T^2 参数，但因其识别率较低，常常采用特征值相似度算法，并考虑动态调整，形成 SKDPCA 方法，其检测过程是：

① 采集正常工作数据集 X，然后构造其增广矩阵 E，并将 E 分成两部分 E_1 和 E_2，即 $E = \{E_1, E_2\}$，并用 E_1 的均值与方差对 E 进行中心化和标准化，记为 $\overline{E} = \{\overline{E}_1, \overline{E}_2\}$。

② 在 $E_i(i=1,2)$ 上选择窗宽 w 的窗口数据 $D_i^w(i=1,2)$，按照步长 s 滑动窗口，在 E_1 和 E_2 上各选择一个窗口，首先求出 E_1 窗口数据的核矩阵，并对核矩阵按照式(5-73)进行中心化，然后求特征值与特征向量，对特征值按照式(5-70)进行归一化。然后再求 E_2 窗口的核矩阵，并实现中心化，最后用 E_1 的基底向量求 E_2 窗口的特征值，求出相似度 S 的控制限 S_α。控制线也经常按照经验法进行设计。

③ 采集一组窗口宽度的数据，然后构造其增广矩阵 $\Theta_{(t)}$。

④ 用 E_1 的均值与方差对 $\Theta_{(t)}$ 进行标准化，记为 $\overline{\Theta}_{(t)}$。然后计算核矩阵并归一化，按照第二步求特征值的相似度。

⑤ 比较相似度值 S，如大于控制限，则为故障。

5.6.2　SKDPCA 测试

对其测试仍采用标准的 TE 过程，TE 的功能见前面章节，这里不再赘述。

（1）对 19 号故障进行测试

19 号故障的测试在 5.5 节中进行了说明，对它采用 SPE 和 T^2

都不是很理想，但是用 SDPCA 成功地检测出了所有的故障，同时对正确数据的识别率也非常高。在采用 SKDPCA 时，本节采用高斯核和二阶多项式核进行检测，高斯核的核宽参数对检测结果有较大的影响。二阶多项式有一个参数需要设置。高斯核的公式为：

$$K = e^{-\frac{x-y^2}{2\sigma^{var}}} \tag{5-74}$$

式中，参数 σ 为核宽参数；var 为指数值，一般设置为 2。

二阶多项式核的公式为：

$$K = \sum_{i=1}^{n} (\boldsymbol{x} \cdot \boldsymbol{y} + 1)^{var} \tag{5-75}$$

式中，$\boldsymbol{x}$ 与 $\boldsymbol{y}$ 是点乘；var 是指数值。

由图 5-43 可以看出，采用多项式的核函数时，特征值出现了较多的不规则，这些不规则的数据对相似的影响较大，所以识别率较低。如图 5-44 所示，前 160 个信号是正常信号，大部分被正确识别了，但是仍有部分识别成故障信号。160 点后的信号是故障信号，但仍有许多信号在控制线下方，说明识别错误，正确的识别结果应该在控制线上方。

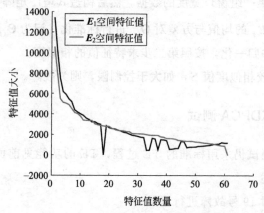

图 5-43　var 为 2 时 KPCA 二阶多项式特征值

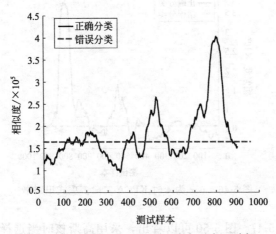

图 5-44　*var* 为 2 时 KPCA 二阶多项式识别率

由图 5-45、图 5-46 知，当参数 *var* 设置到 4 后，特征值还是有严重的变形，识别率基本与 *var* 为 2 时相当，这说明二阶多项式核函数对 TE 数据没有较好的识别率。

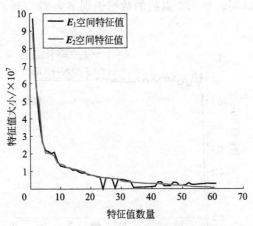

图 5-45　*var* 为 4 时 KPCA 二阶多项式特征值

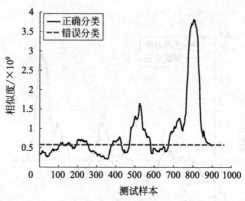

图 5-46 *var* 为 4 时 KPCA 二阶多项式识别率

由图 5-47～图 5-50 可以看出，采用高斯核时当选择核宽参数为 2 时，特征值曲线也发生了严重的变形，所以识别率也较低，但图 5-48 可以看出，对正确信号的识别率得到了大幅度提高。当核宽加大到 32 时，特征值曲线非常平滑，识别率也得到了提高。如图 5-50 所示，在 160 点信号之前，正确信号被全部的识别出来，成功率达 100%，对 160 点后的数据识别率为 99.7%，只有两个点识别错误。

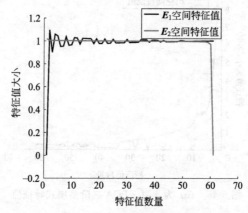

图 5-47 σ 为 2 且 *var* 为 2 时 SKPCA 高斯核特征值

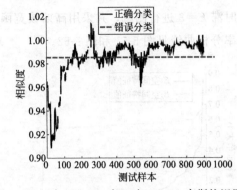

图 5-48　σ 为 2 且 var 为 2 时 SKPCA 高斯核识别率

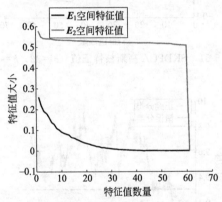

图 5-49　σ 为 32 且 var 为 2 时 SKPCA 高斯核特征值

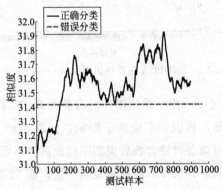

图 5-50　σ 为 32 且 var 为 2 时 SKPCA 高斯核识别率

采用动态时滞 $k=3$ 进行测试，并采用高斯核宽函数为 32，其特征值及识别率分析曲线见图 5-51 和图 5-52。

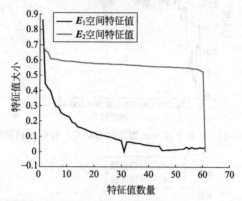

图 5-51　SKDPCA 高斯核特征值（$\sigma=32$，$k=3$）

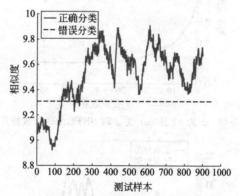

图 5-52　SKDPCA 高斯核识别率（$\sigma=32$，$k=3$）

由图 5-51 可以看出，采用动作时滞参数 $k=3$ 时，其特征值发生了异常，因此，其识别率受到了影响，与图 5-49 相比较略有下降。这说明采用动态时滞常数后识别率的提高并不明显。

需要注意的是，当样本的列为观测变量，如 52 列代表有 52 个观测量，行代表样本数的时候，SKPCA 的核矩阵计算有两种方法，一种是按照行进行计算，这时计算后的核矩阵的行列数为样本数，识别率较高。另外一种是按照列计算，这时核矩阵的行列数为样本的观测量的数，如动态时滞参数 $k=1$ 时，核矩阵行列数为 52；$k=3$ 时，核矩阵行列数为 156，识别率较低。

（2）对 14 号故障进行测试

14 号故障是 TE 中常见的故障，对其测试的效果可证明算法的合理性。

图 5-53 是采用 KPCA-SPE 方法检测。由图可以看出，该方法对故障数据的识别率非常高，全部在落地控制线的上方，但对正确数据（前 160 个数据）的识别率较低，有许多的正确数据被识别成故障数据。图 5-54 是采用 KPCA-T^2 方法，该方法对正确数据与

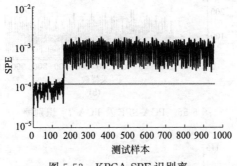

图 5-53 KPCA-SPE 识别率

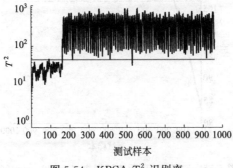

图 5-54 KPCA-T^2 识别率

故障数据均有识别错误的。图 5-55 是采用 PCA-SPE 及 PCA-T^2 方法的，也可以看出识别率比较高，但错误率与 KPCA-T^2 相当。图 5-56 是采用了 SKPCA 即相似特征的动态主成分分析方法，可以看出该法对正确数据的识别及对故障数据的识别，都要高于前面几种方法。

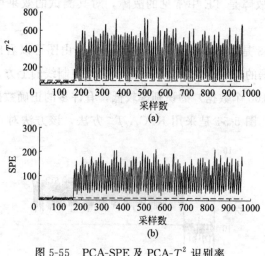

图 5-55　PCA-SPE 及 PCA-T^2 识别率

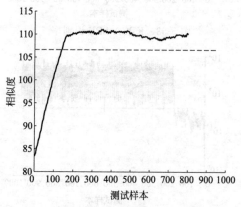

图 5-56　SKPCA 高斯核识别率（$\sigma=32$，$d=20$）

（3）对15号故障进行测试

15号故障检测难度较大，用传统的SPE和T^2方法效果都不理想，如图5-57和图5-58所示。

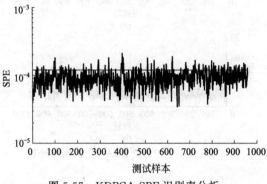

图5-57　KDPCA-SPE识别率分析

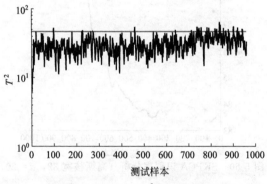

图5-58　KDPCA-T^2识别率分析

由图5-57～图5-59可以看出，无论是KDPCA还是PCA，采用指标SPE和T^2的识别率都不理想，160个点的故障信号基本都分布在控制线的下面，说明识别率非常低。图5-60采用SKPCA时，可以看出前面160个点的正常信号完全得到了识别，160点后的故障信号大部分得到了正确地识别，少数落在了控制线的下面，识别率达86.25％。

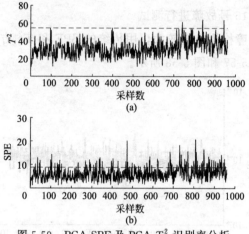

图 5-59　PCA-SPE 及 PCA-T^2 识别率分析

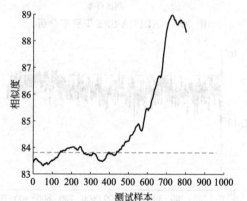

图 5-60　SKPCA 识别率分析（高斯核宽 32，$d = 20$）

综上所述，SDPCA 在识别故障信号有较好的效果，但其计算耗时比较长，主要因为维度转换过程中，计算量较大，另外采用窗口扫描方式增大了耗时。PCA-SPE 及 PCA-T^2 的计算速度最快，因此，在实际应用中，应根据不同的控制对象，选择不同的方法。

（4）对液压阀的性能测试

这里采用 5.5 节预充阀的故障数据，进行测试 SKDPCA 的性能评估能力。测试结果如图 5-61 及图 5-62 所示。

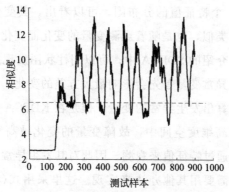

图 5-61   液压阀故障 SKDPCA 相似度

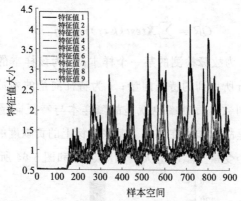

图 5-62   液压阀 SKDPCA 特征值分布

　　与 5.5 节的 SDPCA 相比较，SKDPCA 的液压阀性能评估曲线
形式有很大的变化，SDPCA 性能评估相似度曲线是一个随着故障
变量变化而逐渐升高的曲线，曲线不同的位置代表了目前设备所处
的性能状态。而图 5-61 中，在正常信号 200 点后，就出现了异常
波形，并且异常波形的频幅基本相同，这个波形正好对应着预充
阀控制压力的减小，所以性能评估可以通过异常点后持续时间来评
估或者波形的幅度来评估，幅度越大，说明观测变量变化越激烈。

图 5-62 是每一个特征值的分布图，可以看出，其变化的趋势与相似度变化非常类似，也是随着观测变量的变化而变化。

在 5.5 节介绍的 SDPCA 中，可以用柱状图发现发生异常的变量，这是因为异常变量首先会影响最大方差的变化，所以通过最大方差就可以计算出发生异常的变量，但是在 KDPCA 中，因为采用核矩阵变化到高维度空间中，故障变量的变化被高维度空间所转换，所以很难通过特征值来观测，因此对其发生异常的观测变量的计算方法，还需要用其他办法来实现。这里采用式(5-76) 所示方法进行计算，设故障变量为 **Xtest**，并已经进行归一化和中心化处理，则贡献率为

$$QR = \sum_{i=1}^{n} Xtest(k,j)Vect(j,i) \tag{5-76}$$

式中，k 为故障检测的某一个样本；j 为该样本的列；$Vect$ 为计算主元得分所用到的特征向量；i 为特征向量的列数，也是故障检测变量的列数。贡献率也就是故障样本与特征向量相乘后再累计，其实质是故障样本在每一个基底坐标上的贡献度的累计，最终可以看到哪个变量贡献度最大，如图 5-63 和图 5-64 所示。

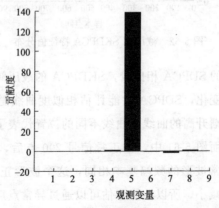

图 5-63　7 个主元变量时的贡献率

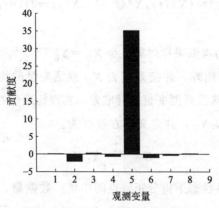

图 5-64　9 个主元变量时的贡献率

图 5-63 为降维后为 7 个主元变量时的贡献率，从图中可以看到第 5 个变量的贡献率最大。图 5-64 中，当主元变量为 9 个（液压阀的测试数据观测变量就是 9 个）时，也是变量 5 的贡献率最大，所以该方法可以准确地识别出发生异常的变量。

5.7　基于 SDPCA 的多态过程故障诊断与性能评估研究

5.7.1　动态主元分析和特征值相似性指标

设正常样本数据 $\boldsymbol{X} = \{x_1, x_2, \cdots, x_m\}$ 为具有 m 个观测维度的样本数据集，其中，$x_j \in \boldsymbol{R}^n$，x_j 为样本观测变量，n 为样本数。若工作过程有多个状态，x_j 在不同的状态下的取值不同，则第 u 个工作状态的样本数据集可以表示为：$\boldsymbol{X}_U = \{x_1^u, x_2^u, \cdots, x_m^u\}$（$1 \leqslant u \leqslant U$），共有 U 个工作状态。设动态过程的时滞参数为 k，则可以生成具有动态数据调整特性的增广矩阵。

$$\boldsymbol{X}_U^{n,m(k+1)}(t)=\{\boldsymbol{X}^u(t),\boldsymbol{X}^u(t-1),\boldsymbol{X}^u(t-2),\cdots,\boldsymbol{X}^u(t-k)\}$$

$$(5-77)$$

式中，t 为当前采样时刻。令 $\boldsymbol{X}_U=\boldsymbol{X}_U^{n,m(k+1)}$，即 $\boldsymbol{X}_U$ 为 n 行、$m(k+1)$ 列的矩阵，并按列减去 $\boldsymbol{X}_U$ 观测变量的均值，实现中心化处理，按列除以观测变量的标准差，实现标准化处理。记标准化后的增广矩阵为 $\overline{\boldsymbol{X}}_U$，并定义协方差 $\boldsymbol{C}$ 为：

$$\boldsymbol{C}=\frac{1}{n-1}\overline{\boldsymbol{X}}_U^{\mathrm{T}}\overline{\boldsymbol{X}}_U \qquad (5-78)$$

设 $\overline{\boldsymbol{X}}_U$ 为某状态下得分矩阵空间中增广数据集，并已经实现了中心化和标准化，现将其分解成两部分，即 $\overline{\boldsymbol{X}}_U=\{\overline{\boldsymbol{X}}_1^u,\overline{\boldsymbol{X}}_2^u\}$，其中 $\overline{\boldsymbol{X}}_1^u=\{\boldsymbol{X}_{1,n(1)}^{u(1)},\boldsymbol{X}_{1,n(2)}^{u(2)},\cdots,\boldsymbol{X}_{1,n(U)}^{u(U)}\}$，$\overline{\boldsymbol{X}}_2^u=\{\boldsymbol{X}_{2,n(1)}^{u(1)},\boldsymbol{X}_{2,n(2)}^{u(2)},\cdots,\boldsymbol{X}_{2,n(U)}^{u(U)}\}$。其中，状态 $u(U)$ 包含 $n(U)$ 个样本，共包含 $n(1)+n(2)+\cdots+n(U)$ 个样本，且满足 $\overline{\boldsymbol{X}}_{1,n(u)}^u=\{x_1^{(1)},x_2^{(1)},\cdots,x_m^{(1)}\}$ $(1\leqslant u\leqslant U)$，$\overline{\boldsymbol{X}}_{2,n(U)}^u=\{x_1^{(2)},x_2^{(2)},\cdots,x_m^{(2)}\}$ $(1\leqslant u\leqslant U)$。采用 $\overline{\boldsymbol{X}}_U$ 的左协方差矩阵为：

$$\boldsymbol{M}_i^u=\frac{1}{n_i^u-1}(\overline{\boldsymbol{X}_i^u})^{\mathrm{T}}(\overline{\boldsymbol{X}_i^u}) \qquad (5-79)$$

$$\boldsymbol{M}_i^u\boldsymbol{P}_i^u=\boldsymbol{P}_i^u\boldsymbol{\Sigma}_i^u \,(i=1,2) \qquad (5-80)$$

式中，$\boldsymbol{P}_i^u$ 为特征向量组成的矩阵，是单位正交矩阵；$\boldsymbol{\Sigma}_i^u$ 为对角阵，对角线元素为特征值。对于正常工作数据集合，则有 $\boldsymbol{\Sigma}_1^u=\boldsymbol{\Sigma}_2^u$ 且满足：

$$\boldsymbol{\Sigma}_i^u=(\boldsymbol{P}_i^u)^{-1}\boldsymbol{M}_i^u\boldsymbol{P}_i^u \qquad (i=1,2) \qquad (5-81)$$

令 $\boldsymbol{P}_c=\boldsymbol{P}_1^u(\boldsymbol{\Sigma}_1^u)^{-\frac{1}{2}}$，则有 $\boldsymbol{P}_c^{\mathrm{T}}\boldsymbol{M}_1^u\boldsymbol{P}_c=1$ 成立。

令

$$\overline{\overline{\boldsymbol{X}}}_1^u=\frac{1}{n_1^u-1}\overline{\boldsymbol{X}}_1^u\boldsymbol{P}_c \qquad (5-82)$$

则其协方差矩阵可表示为：

$$C = P_c^T M_1^u P_c \tag{5-83}$$

对其进行特征分解

$$C\overline{Q} = \overline{Q}\, \overline{\Sigma}_1^u \tag{5-84}$$

并将 $\overline{\Sigma}_1^u$ 进行变换得到：

$$\overline{\Sigma}_1^u = \overline{Q}^T (P_c^T M_1^u P_c) \overline{Q} \tag{5-85}$$

同时令

$$\overline{\Sigma}_2^u = P_c^T M_2^u P_c \tag{5-86}$$

设 ξ 为特征值选择系数，表示降序排序的特征值中较大特征值个数，则：

$$\mathrm{daig}\,\overline{\Sigma}_2^u(\xi) = (\lambda_\xi^{(2)} > \lambda_{\xi+1}^{(2)} > \cdots > \lambda_r^{(2)}) \tag{5-87}$$

因此，用 $\overline{\Sigma}_1^u$ 和 $\overline{\Sigma}_2^u$ 可以求出 u 状态下的特征值相似度。

$$S(k,u) = \sqrt{\frac{1}{r-\xi}\sum_{i=\xi}^{r}[\lambda_i^{u,(1)}(k) - \widehat{\lambda_i^{u,(2)}(k)}]^2 \mathrm{d}\{\psi[\widehat{\lambda_i^{u,(1)}(k)}, \widehat{\lambda_i^{u,(2)}(k)}]\}} \tag{5-88}$$

式中，$1 < k < n(1) + n(2) + \cdots + n(U)$，$1 \leqslant u \leqslant U$。

$$\psi[\lambda_i^{u,(1)}(k), \widehat{\lambda_i^{u,(2)}(k)}] = \frac{\displaystyle\sum_{i=D}^{r}[\widehat{\lambda_i^{u,(2)}(k)}]}{\displaystyle\sum_{i=D}^{r}[\lambda_i^{u,(1)}(k)] + \sum_{i=D}^{r}[\lambda_i^{u,(2)}(k)]} \tag{5-89}$$

$\mathrm{d}\{\psi[\lambda_i^{u,(1)}(k), \widehat{\lambda_i^{u,(2)}(k)}]\}$ 表示其离散微分项，可以识别特征值曲线形态的变化。

$$\mathrm{d}\{\psi[\lambda_i^{u,(1)}(k), \widehat{\lambda_i^{u,(2)}(k)}]\} = \psi[\lambda_{i+1}^{u,(1)}(k), \widehat{\lambda_{i+1}^{u,(2)}(k)}] -$$
$$\psi[\lambda_i^{u,(1)}(k), \widehat{\lambda_i^{u,(2)}(k)}] \tag{5-90}$$

5.7.2 结果与分析

5.7.2.1 采用标准案例测试

在 TE 的故障集中，第 3 号、9 号、15 号、19 号等故障，采用 SPE 和 T^2 的识别率较低。现采用 SDPCA 方法进行识别，3 号故障的识别率达到了 99.3％，误判率为 0，如图 5-65 所示。对 19 号故障的识别率达到了 100％，并且故障误判率为 0，如图 5-66 所示。

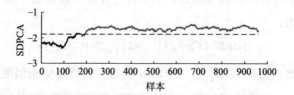

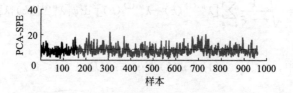

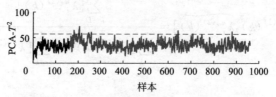

图 5-65　3 号故障检测结果对比（$\xi=5$，$w=60$）

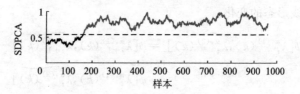

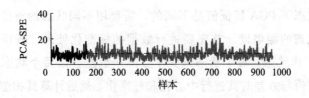

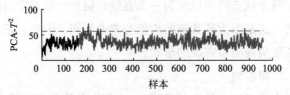

图 5-66　19 号故障检测结果对比（$\xi=3$，$w=60$）

可以看出，在故障引入点 160 个数据之前，两个故障 SDPCA 方法测得的数据都在控制线以下，说明对正常数据能正常识别。而 PCA-SPE 和 PCA-T^2 方法测得数据在控制线波动，说明有判别错误。在 160 个数据之后，采用 SDPCA 方法对于 19 号故障识别，故障引入后的识别率达到了 100%。对于 3 号故障，只有 5 个数据识别错误，识别率达到了 99.3%。无论是 3 号还是 19 号故障，其 SPE 和 T^2 数据有许多在控制限下，识别率低。而采用 SDPCA 方法对于 TE 其他数据集的测试，均收到较好的效果。

5.7.2.2　液压机多态过程性能评估测试

大型液压机是现代制造业中不可或缺的关键装置，其是集机、电、液、控、智于一体的装备，造价高，精度高。一旦发生故障，会造成严重的后果。液压机的故障或者性能退化主要是由液压元件引起的，因此，对液压元件的监控就会有重要的意义。液压机有多个工作状态，因此某个液压元件的性能变化会在相关的状态中显现出来，多状态下 SDPCA 故障诊断与性能评估是需要解决的重要问题。

（1）数据的标准化与中心化

液压机在不同状态下，其观测变量的数值是不同的，因此不同工作状态下 PCA 特征值是不同的，需要用不同状态的特征值计算相应状态的相似度。首先要进行数据的标准化处理。液压机共有 12 个工作状态，每个状态采集了 160 个数据，以每个状态正常数据的均值与方差对其进行中心化和标准化，然后计算其相似度。可以看出，每个状态的相似度为一条直线，但每个状态之间的相似度是不同的，这是因为各状态的均值与方差不同。因此，正常工作过程的相似度呈现类似方波的形状。

（2）故障检测

多工作状态下，发生故障后，相应状态的相似度开始发生变化，现仍以预充阀为例说明。当预充阀发生故障时，其所在的第七个状态的相似度开始向上倾斜，如图 5-67 中圆圈标注所示。说明当故障发生后，异常变量使得特征值发生变化，进而引起相似度的变化。当故障数据变化越大，对特征值的影响越大，相似度曲线变化就越明显。

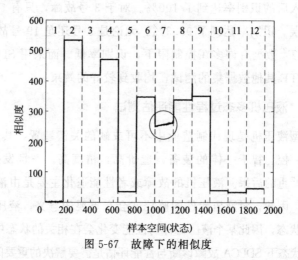

图 5-67　故障下的相似度

可以看出，在第七个状态，也就是预充阀打开，压机开始抬升的状态中，特征值出现了倾斜，说明出现了故障，对其进行放大处理后。在图 5-68 中可以看出性能变化的过程，可以把这个过程划分四个阶段，分别是健康级、亚健康级、故障报警级、故障级，根据其特征值变化，可以及时进行预警。在实践中，故障或者性能变化是由观测变量的异常引起，为准确定位发生异常的故障变量，可以通过计算每个观测变量对最大特征值的贡献度来确定，通过贡献度的异常观测发生异常的变量，如图 5-69 所示。

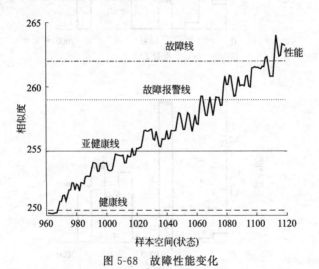

图 5-68　故障性能变化

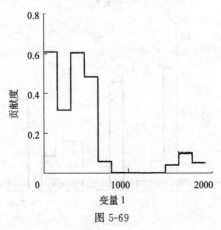

图 5-69

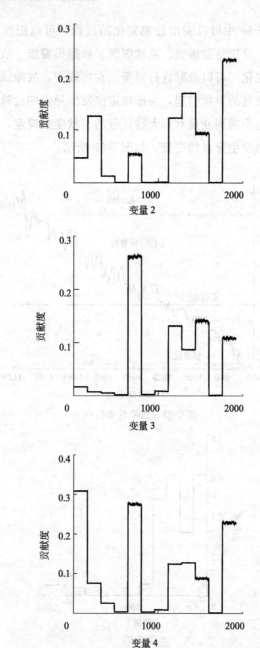

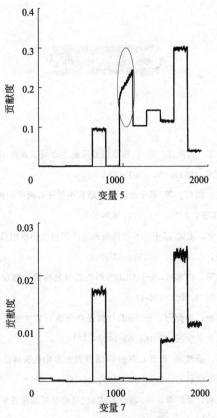

图 5-69　观测变量的贡献度

由图 5-69 可以看出，各个变量在不同状态下，贡献率曲线是不同的，其中变量 5 的贡献度曲线发生了异常，其他变量的贡献度曲线是正常的，说明观测变量 5 发生了异常变化，进而说明充液阀发生了故障。

综上，基于特征值相似度多态 SDPCA 方法，能够更好地识别各工作状态中发生的异常，SDPCA 对检测数据的自相关性不敏感，因此识别性能要好于 PCA-SPE，PCA-T^2 等方法。

◆ 参考文献 ◆

[1] 周育才，刘少军，黄明辉，等.巨型锻模液压机主动同步系统的鲁棒控制研究 [J].
机械科学与技术，2011，30（03）：501-506.

[2] 周奇才，黄克，赵炯，等.基于改进型滑动窗主元分析的盾构液压系统故障诊断研
究.中国机械工程，2013，24（5）：638-643.

[3] 姚成玉，陈东宁，王斌.基于 T-S 故障树和贝叶斯网络的模糊可靠性评估方法 [J].
机械工程学报，2013，50（02）：193-201.

[4] 宁志强，陶元芳，杨家威.基于 CLIPS 桥机起升机构设计型专家系统 [J].中国工
程机械学报，2013，05：425-431.

[5] 郝志鹏，曾声奎，郭健彬，等.知识与数据融合的可靠性定量模型建模方法 [J].
北京航空航天大学学报，2016，42（01）：101-111.

[6] 陈畅，李晓磊，崔维玉.基于 LSTM 网络预测的水轮机机组运行状态检测 [J].山
东大学学报（工学版），2019，49（03）：39-46.

[7] 唐宏宾，吴运新，滑广军，等.基于 EMD 包络谱分析的液压泵故障诊断方法 [J].
振动与冲击，2012，09：44-48.

[8] 文斌.基于 Petri 网的液压马达故障诊断 [J].机械研究与应用，2013，05：73-
74，78.

[9] 陈正，李华旺，常亮.基于故障树的专家系统推理机设计 [J].计算机工程，2012，
11：228-230，250.

[10] Giarratano J.专家系统原理与编程 [M].3 版.北京：机械工业出版社，2002.

[11] 李荣兵.基于支持向量机的数控机床总线的故障诊断研究 [J].煤矿机械，2011，
32（09）：23-25.

[12] 张天霄.液压元件的可靠性设计和可靠性灵敏度分析 [D].长春：吉林大
学，2014.

[13] 颜永年，刘长勇，张磊，等.坎合技术与航空模锻液压机 [J].航空制造技术，

2010（08）：26-28.

[14] 廖辉，乔东凯.基于 LS-SVM 液压缸泄漏故障诊断方法的研究 [J].机床与液压，2017，45（15）：184-187.

[15] 崔明亮.大型模锻液压机机架疲劳寿命研究 [D].秦皇岛：燕山大学，2012.

[16] 方玉茹，阚树林，杨猛，等.模糊多态贝叶斯网络在冗余液压系统可靠性分析中的应用 [J].计算机集成制造系统，2014，21（07）：1856-1864.

[17] 石慧.机械系统的剩余寿命预测及预防性维修决策研究 [D].太原：太原科技大学，2015.

[18] 宋登巍，吕琛，齐乐，等.基于健康基线和马氏距离的液压系统变工况健康评估 [J].系统仿真技术，2017，13（03）：201-208.

[19] 张春良，岳夏，朱厚耀，等.信息缺失时基于 HMM 的故障诊断方法 [J].广州大学学报（自然科学版），2013，12（04）：64-69.

[20] HATZIPANTELIS E，MURRAY A，PENMAN J.Comparing hidden Markov models with artificial neural network architectures for condition monitoring applications [C].International Conference on Artificial Neural Networks，Cambridge，UK，1995.

[21] 卓东风，原媛.小波包变换和隐马尔科夫模型（HMM）在液压系统故障预测中的应用 [J].山西大学学报（自然科学版），2013，36（03）：357-362.

[22] 孙全芳，郑庆元.应用马尔科夫模型评价液压吊卡可靠性 [J].机床与液压，2015，43（13）：193-196，204.

[23] DONG M，HE D.Hidden semi-Markov model（HSMM）-based diagnostics and prognostics framework and methodology [J].Mechanical System and Signal Processing，2007，21（5）：2248-2266.

[24] 李巍华，李静，张绍辉.连续隐半马尔科夫模型在轴承性能退化评估中的应用 [J].振动工程学报，2014，27（04）：613-620.

[25] 何正嘉，陈进，王太勇，等.机械故障诊断理论及应用 [M].北京：高等教育出版社，2010.

[26] 周东华，胡艳艳.动态系统的故障诊断技术 [J].自动化学报，2009，162（6）：748-758.